건축·디자인 표현기법

정광호 · 김소연

건축이나 디자인에서 기발한 아이디어를 시각화하여 표현하고 커뮤니케이션 하는 과정의 중요성은 아무리 강조해도 지나치지 않다. 시각화하는 방법은 매우 다양하지만 드로잉은 여전히 가장 기본이 되는 중요한 표현방법이다.
보다 쉽게 일반적인 드로잉에 대한 이해를 도와 자신감을 갖고 본인의 생각을 표현할 뿐 아니라 커뮤니케이션의 도구로 활용하는데 도움을 주고자 한다. 드로잉은 기계적인 암기에 의한 표현방법이 아니라, 기본적인 원리를 이해한 후 느낌과 직관에 의한 훈련과 연습이 필요하다. 따라서 책의 매 페이지마다 충분한 여백을 두어 따로 노트를 준비하지 않고도 연습을 할 수 있도록 했다. 꾸준하고 반복적인 연습은 효과적인 커뮤니케이션을 위한 드로잉 뿐 아니라 자신만의 독특한 개성을 지닌 드로잉을 개발할 수 있도록 해주기 때문이다. 또한 잘 알려진 건축가 · 디자이너의 작품을 주요 예시로 활용하여 작품을 익힘과 동시에 모방을 통하여 드로잉을 학습할 수 있도록 하였다.
드로잉 뿐만 아니라 다양한 방법을 활용하여 기발한 아이디어를 꼭꼭 숨겨 두지 않고 용기내어 과감히 세상 밖으로 시각화하여 표현할 수 있도록, 기본적인 아이디어를 제공하고 가이드 역할을 할 수 있기를 기대한다.

책의 구성

1. 드로잉Drawing

커뮤니케이션 수단으로서의 드로잉

오늘날 그 어느 때 보다도 커뮤니케이션Communication의 중요성이 부각되고 있다. 효과적인 커뮤니케이션을 위해 우리가 활용할 수 있는 방법은 매우 다양하다. 가장 기본적인 언어, 표정, 몸짓 등에서 부터 급격한 기술의 발달과 미디어의 진화로 디지털 미디어Digital Media를 이용한 인터랙션Interaction, 증강현실Augmented Reality등에 이르기까지 오늘날 우리가 활용할 수 있는 커뮤니케이션 방법은 무궁무진하다. 이러한 다양한 방법 중 커뮤니케이션의 목적과 상황, 그리고 필요에 따라 가장 효과적인 방법을 선택하여 활용하는 것이 중요하다.

드로잉Drawing은 이러한 커뮤니케이션 수단 중의 하나로, 쉽고 빠르게 자신의 아이디어를 표현하고 전달할 수 있는 방법이다. 특히, 건축과 디자인 영역에서 많이 활용되고 있으며, 아이디어의 발상 단계에서 부터 최종 프리젠테이션에 이르기까지 전 프로세스에 걸쳐 활용되는 유용한 커뮤니케이션 수단이다.

자신의 생각이나 감정 등을 상대방에게 정확하게 전달하기 위해 적절한 단어와 어휘를 신중하게 선택하여 말하거나 글을 쓰듯, 드로잉을 할 때에도 '어떻게 하면 효과적으로 나의 아이디어를 전달할 수 있을까?'를 고민해야 한다. 머리속에 떠오르는 이미지나 아이디어를 다른 사람과 공유하고 상대방을 이해시키고, 설득하기 위해 우리는 서로가 공감할 수 있는 표현방법을 고민하고 가장 효율적인 방법을 찾아야 한다.

아이디어의 기록

아이디어라는 것은 자판기처럼 필요할 때마다 꺼내 쓸 수 있는 것이 아니다. 일상생활 속에서 문득 예기치 않은 순간에 별똥별처럼 떨어지는 것이기 때문에 그 순간을 놓치지 않고 포착하여 기록하는 것이 중요하다. 초기의 드로잉은 커뮤니케이션 도구로서 다른 사람을 이해시키려는 목적보다는 본인의 생각을 기록하려는 것에 더 큰 비중을 둔다. 따라서 반짝이는 생각을 놓치기 전에 빠르게 기록해두는 것이 중요하다. 이때는 본인만 알아볼 수 있도록 드로잉하는 것도 무방하다. "12억짜리 냅킨 한 장"이라는 책을 출판한 김영세 씨처럼 냅킨을 활용하거나 껌 종이여도 좋지만, 자신만의 아이디어를 기록할 수 있는 드로잉 도구를 항상 휴대하는 습관을 갖는 것이 중요하다. 그것이 작은 노트여도 좋고 혹은 스마트 폰이나 스마트 패드 등의 최신 테크놀러지를 활용하는 것이어도 좋겠다.

아이디어의 발전

드로잉은 이미 머리속에서 정리되고 완성된 아이디어를 최종적으로 인쇄하듯 옮겨 그리고 끝내는 작업이 아니다. 문득 떠오른 아이디어나 이미지를 놓치지 않기 위해 신속하게 스케치하여 기록하고, 그 스케치를 보며 다시 아이디어를 발전시키고 또 이미지화하여 그것을 다시 스케치에 반영하는 과정의 연속이다. 이러한 미완의 연속을 통하여 하나의 유기체로서의 삶을 반복하는 과정이 드로잉인 것이다.

드로잉에의 접근

처음 드로잉을 시작하는 것에 겁낼 필요가 없다. '나는 그림을 잘 그리지 못하니까...' 라고 생각하고 드로잉을 포기해 버린다면, 어느 순간 뇌리를 스쳐지나간 기막히게 '상큼한' 아이디어를 놓쳐버리는 우를 범할 수 있다. 앞에서도 언급했듯 드로잉은 완성된 멋진 그림을 그리는 것이 목적이 아니므로 자신만의 아이디어를 과감히 세상 밖으로 꺼내 보도록 한다.

효과적이고 설득력 있는 커뮤니케이션을 위하여 항상 정확하게 구체적으로 묘사된 사진과 같은 그림을 그려야 하는 것은 아니다. 오히려 자신의 생각과 아이디어를 빠르고 정확하게 전달하기 위해서는 개략적이고 특징이 부각된 드로잉이 더 효과적일 수 있다.

드로잉에 있어서 정답은 없다. 하지만 효과적으로 타인과 자신의 아이디어를 커뮤니케이션 하기 위해서는 일반적으로 공유되고 있는 표현방법을 학습해야 한다. 뿐만 아니라, 글씨를 쓸 때에도 각자의 필체가 있듯, 드로잉을 할 때에도 자신만의 개성 있는 표현방법을 발전시키는 것도 중요하다. 꾸준한 연습과정을 통하여 개발한 자신만의 드로잉은 커뮤니케이션의 수단을 넘어, 그 자체가 하나의 작품이 되기도 한다.

선 Line

선은 드로잉에 있어서 우리가 보거나 상상하는 것을 표현하는 가장 기본 요소이다. 선묘 Line Drawing를 통해 간편하게, 최소한의 재료과 시간을 이용하여 드로잉을 할 수 있기 때문이다. 선묘에 익숙해지기만 한다면 한 장의 종이와 펜만으로도 언제 어디서든 쉽게 드로잉을 할 수 있다.

각자에게 익숙한 종이와 펜을 찾아 보다 친숙해지도록 연습하는 것이 중요하다. 하나의 펜으로도 그 펜을 사용하는 각도와 가하는 힘의 정도에 따라 다양한 선의 표현이 가능하며 그 선에 의해 형태와 질감, 공간감이 표현된다.

2. 투상Graphical Projection

드로잉의 기본개념은 3차원의 공간이나 사물을 2차원의 평면 즉, 종이나 모니터, 벽면 위에 표현하는 것이다. 그 작업을 투상Graphical Projection이라고 하며 크게 평행투상Parallel Projection과 투시원근법Perspective Projection으로 나뉜다. 현실속에서 평행한 선을 종이 위에서도 모두 평행하게 나타내는 것을 평행투상이라고 한다면, 실제로는 평행한 선들이지만 원근감을 고려하여 하나 이상의 소실점을 향하도록 나타내는 것이 투시원근법이다.

평행투상법Parallel Projection

거리감을 배재하고 3차원의 물체를 2차원으로 나타내는 간단한 방법이다. 3차원상의 모든 수직선은 2차원의 평면에서도 수직선으로, 3차원에서 실제 평행한 선들을 2차원의 평면에서도 서로 평행하게 그리는 것이 특징이다. 3차원에서의 선들의 관계를 그대로 표현하기 때문에 평행투상법으로 그려진 건축물이나 제품 등은 실제 우리 눈으로 보는 것과 비교해 볼 때 왜곡되어 보인다. 평행투상도는 크게 직각투영Orthographic Projection과 경사투영Oblique Projection으로 구분된다.

직각투영Orthographic Projection

평행투상의 한 형태로 정사영, 정투상, 정사도법, 정사투영 등으로 명명되기도 하며 투영되어지는 2차원의 면Projection Plan과 빛의 방향이 직각을 이룬다. 직각투영은 다시점투영Multiviews과 엑소노메트릭Axonometric Projection으로 구분된다.

투상Graphical Projection

- 평행투상법Parallel Projection
  - 직각투영Orthographic Projection
    - 다시점투영Multiviews
      - 평면Plan
      - 입면Elevation
      - 단면Section
    - 엑소노메트릭Axonometric Projection
      - 아이소메트릭Isometric Projection
      - 디메트릭Dimetric Projection
      - 트라이메트릭Trimetric Projection
  - 경사투영Oblique Projection
    - 카발리에도법Cavalier Projection
    - 캐비넷도법Cabinet Projection
- 투시원근법Perspective Projection
  - 직선원근법Linear Perspective
    - 1점투시One-point Perspective
    - 2점투시Two-point Perspective
    - 3점투시Three-point Perspective
    - 0점투시Zero-point Perspective
  - 곡선원근법Curvilinear Perspective
  - 역원근법Reverse Perspective

다시점투영Multiviews

다시점투영에서는 x,y,z축에 의해 생성되는 각각의 면들에 평행하게 투영된 6개의 그림이 생성된다. 3차원의 물체가 상자 안에 들어있다고 가정하고 그 각각의 면에 수직으로 투영되는 6개의 그림이라고 생각하면 된다. 흔히 우리가 생각하는 평면Plan, 입면Elevation, 단면Section 등이 그 예다.

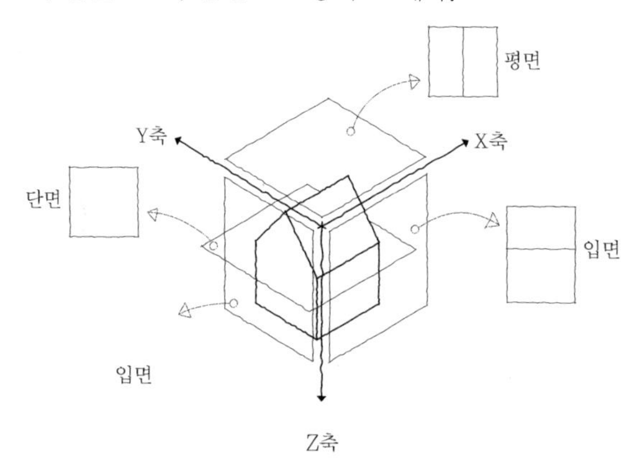

엑소노메트릭Axonometric Projection

축측투상이라고도 하며, 한 면 이상 혹은 세 면 모두를 보고자 할 때 한 개 이상의 축을 회전시켜 그린 것으로 실제 평행한 선들이 드로잉 상에서도 평행하게 그려지며 소실점이 없는 것이 특징이다. 실제 사람의 눈에 보이는 것에 비해 상당히 왜곡되어 보이지만, 기계나 건축의 제도 등에 많이 사용된다. 엑소노메트릭에는 아이소메트릭Isometric Projection, 디메트릭Dimetric Projection, 트리메트릭Trimetric Projection의 세 가지 종류가 있다.

아이소메트릭Isometric Projection

x,y,z의 세축이 같은 비율로 확대-축소된것으로 각각의 축이 이루는 각이 모두 120°로 동일하기 때문에 등각투상도라고 한다. 엑소노메트릭 중에서 가장 많이 활용되는 것으로, 실내공간의 배치와 동선을 효과적으로 보여주기 위해 많이 사용한다.

디메트릭Dimetric Projection

x,y,z의 세축 중 2개의 축만 같은 비율로 확대-축소되고 나머지 하나의 축은 보는 각도에 따라 다른 비율로 축소하여 그린다.

트리메트릭Trimetric Projection

보든 각도에 따라 x,y,z축 모두 제 각기 서로 다른 비율로 확대-축소하여 그린다. 아이소메트릭에서 각각의 축이 이루는 각이 모두 같아서 등각투상도라고 명칭되는 것과 달리, 디메트릭과 트리메트릭은 각각의 축이 이루는 각이 동일하지 않으므로 이 두 가지 경우를 묶어 부등각투상도Anisometric Projection라고 하기도 한다.

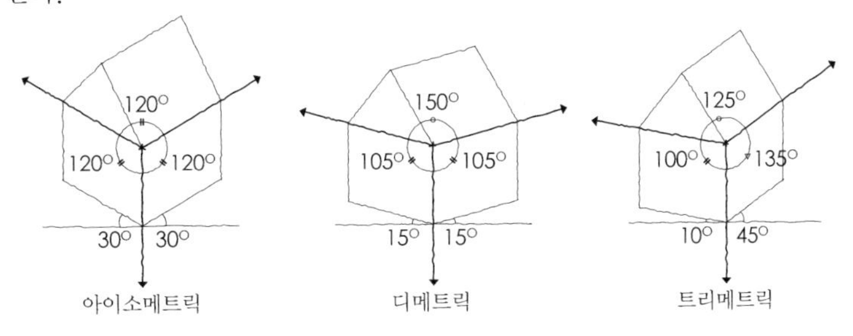

경사투영Oblique Projection

평행투상의 또 다른 형태로 사투상이라고도 하며 직각투영과는 달리 투영되어지는 2차원의 면과 빛의 방향이 직각이 아닌 빗각을 이룬다. 직각투영과 마찬가지로 실제로 평행한 선들이 평행하게 보여지며 물체의 한 면이 투영되는 면과 평행을 이루는 것이 특징이다. 2개의 축은 직각을 이루고 그 확대-축소 비율은 1:1로 동일하나 사선으로 그려지는 나머지 축의 확대-축소 비율은 임의적이다. 이러한 면에서 비록 직각투영은 아니지만 디메트릭과 비슷하다고 할 수 있다. 사선으로 그려지는 축과 수평으로 그려지는 축이 이루는 각은 임의적이지만 주로 30°, 45°, 60°로 그린다. 경사투영은 카발리에도법Cavalier Projection 과 캐비넷도법Cabinet Projection으로 구성된다.

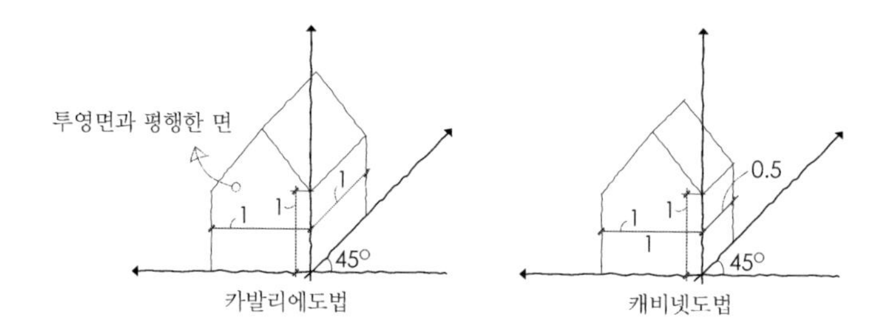

카발리에도법Cavalier Projection

경사투영의 한 형태로 사선으로 그려지는 축을 1:1의 비율로 그리는 것을 카발리에 도법이라고 한다.

캐비넷도법Cabinet Projection

도법의 명칭에서 알 수 있듯이 주로 가구 드로잉에 많이 사용되며, 카발리에도법과 달리 사선으로 그려지는 축을 0.5배로 그린다.

투시원근법Perspective Projection

사람의 눈이 지각하는 대로 멀리 있는 것은 작게 가까이 있는 것은 크게 거리감을 고려하여 표현한다. 창문 통해 사물이 보이는 대로 그리는 것이라고 이해하면 된다. 투시원근법은 직선원근법Linear Perspective, 곡선원근법Curvilinear Perspective, 역원근법 Reverse Perspective 으로 구분한다.

직선원근법Linear Perspective

실제 평행한 선들이 하나 이상의 소실점을 향하도록 그린다. 소실점을 향하는 모든 투시선이 직선인 것이 특징이다.

곡선원근법Curvilinear Perspective

사람의 눈으로 보는 것과 가장 근접하게 그리는 방법으로 소실점으로 모이는 투시선을 그릴 때 직선이 아닌 곡선을 활용하여 그린다. 과장하여 그리면 어안렌즈로 보는 것과 같은 효과가 나타난다.

역원근법Reverse Perspective

직선원근법과 반대되는 개념으로 소실점이 앞쪽에 있는 것처럼 가까이 있는 것은 작게 멀리 있는 것은 크게 그린다.

3. 직선원근법Linear Perspective

우리는 앞에서 3차원의 사물이나 공간을 2차원으로 옮기는 투영의 방법들을 간단히 익혔다. 그 중에서 일반적으로 드로잉에 사용되는 방법은 우리 눈이 지각하는 것에 가장 가까운 투시원근법Perspective Projection이다. 투시원근법 중에서도 가장 접근하기 쉽고 많이 활용되고 있는 방법이 직선원근법Linear Perspective이기 때문에 일반적으로 투시원근법과 직선원근법이 같은 의미로 통용되어 사용되고 있다. 앞으로 이 책에서는 직선원근법의 기초적인 것을 학습하고 이를 활용하여 표현하는 방법을 익히게 될 것이다.

원근법을 표현하는데 있어 멀리 있는 것은 작게 그리고 가까이 있는 것은 크게 표현한다는 것은 쉽게 알 수 있다. 그러나 어느 정도의 크기로 어떤 위치에 어떻게 표현해야 할지 막상 그리려고 하면 막막해지기 마련이다. 그때 쉽게 익히고 활용할 수 있는 기초적인 방법이 바로 직선원근법이다. 직선원근법은 자연물보다는 도시나 건축물, 실내, 사물 등 기하학적이거나 규칙적인 형태, 배치가 있는 인공물을 그릴 때 적절한 활용법이다. 직선원근법의 간단한 기본적인 원리를 학습하여 드로잉을 중요한 커뮤니케이션의 도구로 활용해 본다.

원근법을 표현하는 방법에는 크기의 변화 외에도 선의 강약(선의 굵기)이나 회화에서 농담(색의 선명도)의 조절 등이 있다. 하지만 이 책에서는 선을 활용하는 흑백 드로잉에 초점을 두고 있으므로 회화적인 부분은 크게 다루지 않는다.

투영면Projection Plan/ Picture Plan

직선원근법을 본격적으로 익히기에 앞서 드로잉은 3차원의 사물이나 공간을 2차원의 편평한 면 위에 옮기는 것이라는 원리을 염두해 두어야 한다. 3차원 상에 보이는 것을 2차원의 사진 한 장에 담듯, 사진을 찍는 것과 같은 원리라고 생각하면 보다 이해하기가 쉽다.

우리가 드로잉에 쉽게 접근하기 위해 익혀두어야 할 개념은 바로 투명한 액자이다. 우리가 흔히 사진을 찍을 때나 그림을 그릴 때 손가락으로 프레임을 만들어 그 구도를 미리 확인해 보는 모습을 떠올리면 된다. 이 때 투명한 액자로 형성되는 2차원의 면, 3차원의 사물이나 공간이 2차원에 투영되는 면을 투영면Projection Plan/ Picture Plan이라고 하며, 앞으로는 간단하게 PP로 지칭한다.

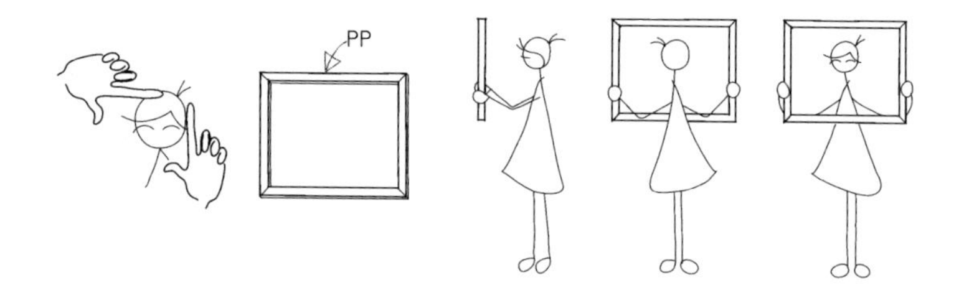

지평선Horizontal Line

그림에서 보는 것과 같이 하늘과 바다가 만나는 것처럼 보이는 곳에 긴 선이 보인다. 그 선을 지평선Horizontal Line 이라고 하며 간단히 HL로 표기한다. 흔히 바다에서 보이는 수평선이 가장 이상적인 지평선이다. 이 지평선은 건축물이나 사물에 의해 끊어지는 것처럼 보이기도 하지만, 기본적으로 끊임없이 이어져 어디든 존재하는 개념의 선이다.

눈높이Eye Level

직선원근법을 활용하기 위해서는 눈높이EL를 이해해야 한다. 눈높이는 간단하게 EL로 표기하며 항상 지평선HL 위에 있는 것이 특징이다. 따라서 눈높이와 지평선은 항상 일치하며 동일한 개념이다. 눈높이는 우리가 표현하고자 하는 대상을 바라보는 위치다. 그 위치 즉, 눈높이에 따라 화면에 나타나는 지평선의 위치가 변하고 대상도 다르게 보인다.

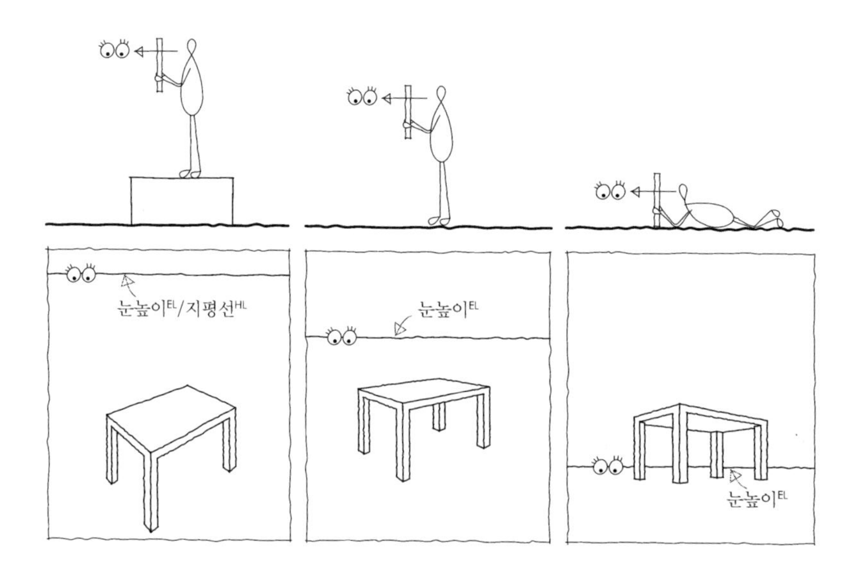

소실점Vanishing Point

아래 그림에서 철길이 쭉 뻗은 것을 볼 수 있다. 철길이 지평선에서 사라져서 보이지 않게 되는데 이 때 철길이 사라진 지점, 즉 철길을 이루는 선들이 모이는 점을 소실점Vanishing Point이라고 하며 VP로 표기한다. 소실점은 그림에서처럼 항상 지평선 즉, 눈높이선 위에 있다.

1점투시

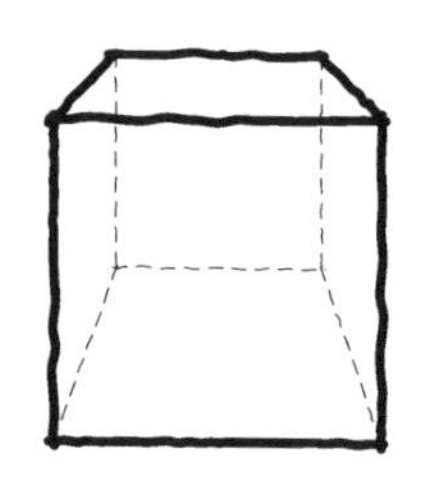

1점투시에서는 화면에 나타나는 평행한 선들이 화면 중앙의 한 점으로 모이는 것처럼 보이는 것이 특징인데 흔히 도서관의 서고, 대형 쇼핑몰의 상품 진열대, 길게 직선으로 뻗은 도로 등을 정면에서 바라볼 때 나타난다.

우리 주변에서 찾아 볼 수 있는 1점투시

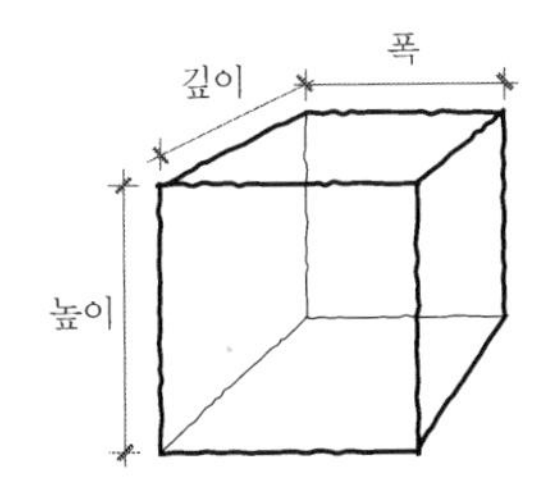

이 책에서는 직선투시도법의 학습을 위해 정육면체 상자를 기본으로 활용하며 상자의 모서리를 왼쪽에서 보는 것처럼 '폭', '깊이', '높이' 라고 명칭한다. 정육면체 상자는 모든 모서리의 길이가 가고 각각의 폭, 깊이, 높이의 모서리가 평행하다.

1점투시 상자 그리기

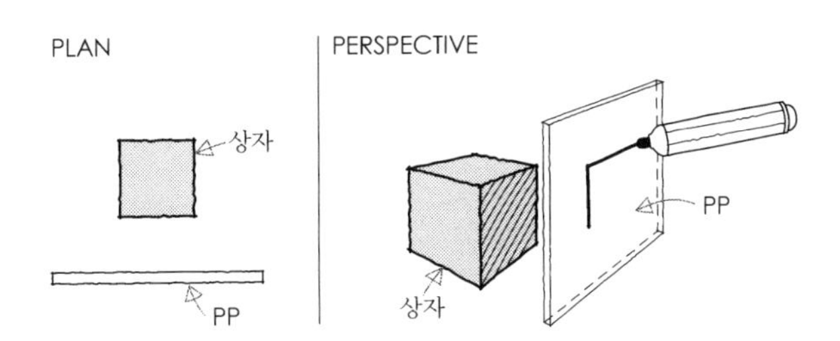

PP와 상자의 한 면이 평행하게 마주보도록 배치하면 1점투시를 보게 된다. 1점투시에서는 화면에 나타나는 모든 평행한 사선이 멀리 있는 수평선 위의 한 점으로 모이는 것처럼 보이는데 이 때 그 한 점을 소실점VP이라고 하고 소실점까지 이어간 선을 투시선이라고 한다.

시점에 따라 다르게 보이는 상자

상자를 바라보는 눈높이와 각도에 따라 PP에 다르게 나타난다. 드로잉을 할 때 표현하고자 하는 대상에 따라 커뮤니케이션에 효과적인 시점을 설정하고 그리는 것이 중요하다.

PP에 보이는 상자

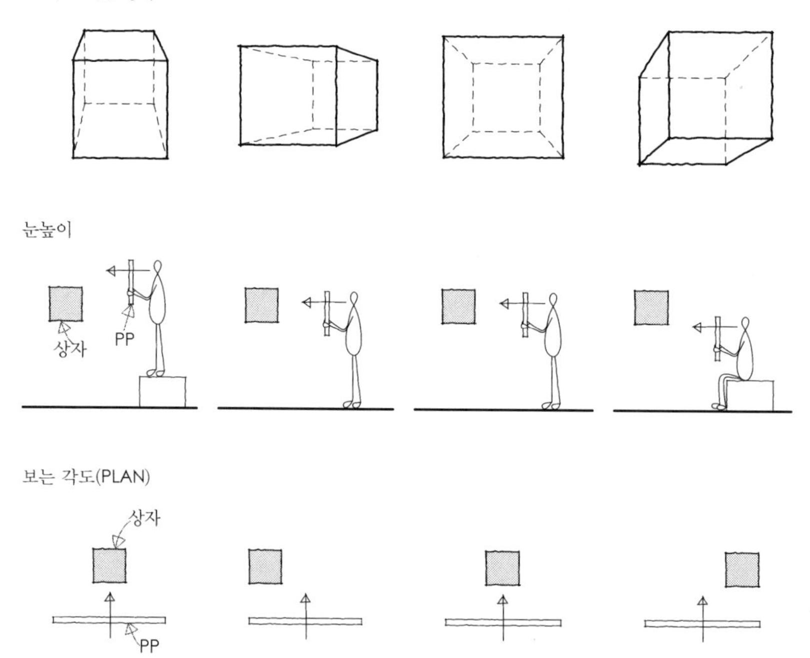

1점투시 상자 그리기

상자를 1점투시로 그릴 때 항상 높이는 수직선으로, 폭은 수평선으로, 깊이는 사선으로 그린다. 즉, 1점투시에서는 수직선, 수평선, 사선 3종류의 선이 사용된다. PP와 평행한 면을 먼저 그리고 그 정사각형 각각의 꼭지점에서 소실점까지의 투시선을 그려 1점투시 상자를 완성한다.

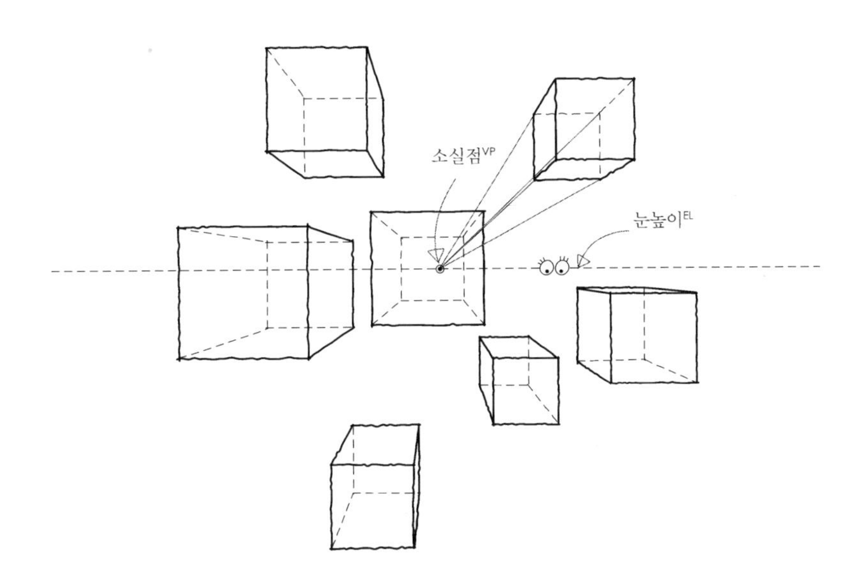

소실점VP은 항상 눈높이EL 위에 있다.

소실점은 항상 눈높이 상에 존재하며, 한 화면에서 평행한 선들의 연장선은 반드시 하나의 소실점에서 만난다. 평행한 여러 개의 상자를 그릴때 상자 각각의 소실점이 따로 있다면 올바르게 그리지 않은 것이다.

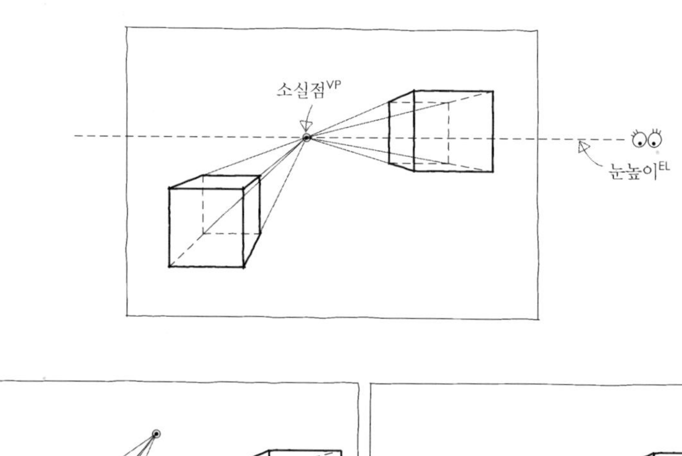

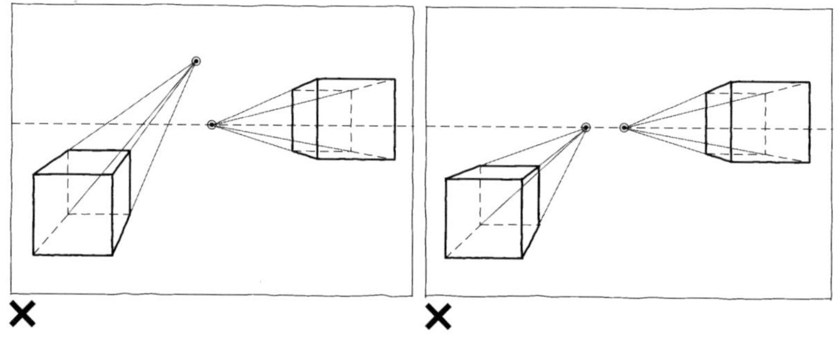

1점투시 드로잉의 예

LC-1 Chair
Le Corbusier, Pierre Jeanneret,
Charlotte Perriand, 1928

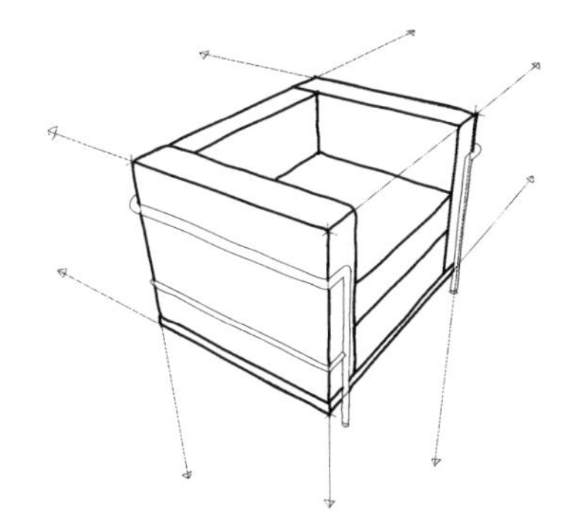

Farnsworth House
Ludwig Mies van der Rohe, 1951
Plano, Illinois USA

2점투시

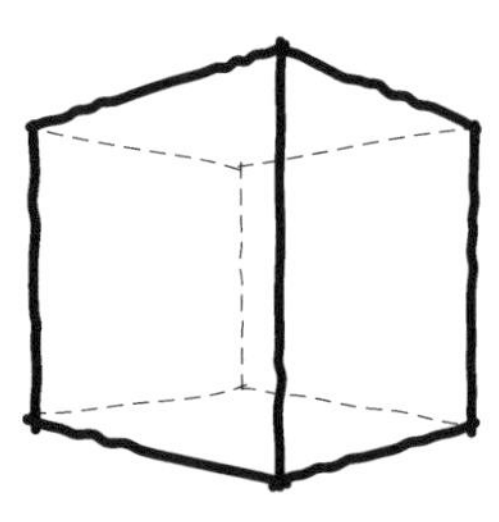

2점투시는 1점투시에 비해 현실감이 강하고 뒤에서 배우게 될 3점투시보다 비교적 그리기 간편하여 투시법 중 가장 많이 활용되는 기법이다. 2점투시는 건축물을 한 모퉁이에 서서 정면으로 바라보거나 상자를 한쪽 모서리에서 정면으로 볼 때 주로 나타난다.

우리 주변에서 찾아 볼 수 있는 2점투시

2점투시 상자 그리기

PP와 상자의 한 모서리가 평행하게 마주보도록 상자를 배치하면 2점투시를 보게 된다. 2점투시에서는 가장 가까이 있는 모서리에서 부터 수평선 상의 양쪽에 있는 두 점으로 평행한 선들이 모아지는 것처럼 보이는데 이 두 점이 소실점이다. 즉 2점투시에는 2개의 소실점VP이 존재하며 두 소실점의 간격이 좁을수록 상자가 왜곡되어 보인다. 따라서 소실점은 화면 밖에 존재하도록 그리고 가장 가까이 있는 각이 90° 이상 되도록 하는 것이 좋다.

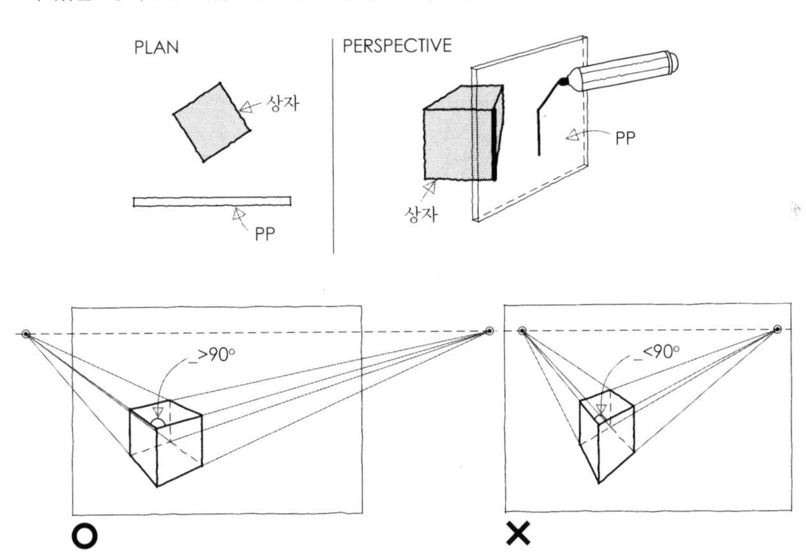

2점투시 상자 그리기

상자를 2점투시로 그릴 때 높이는 항상 수직선으로, 폭과 깊이는 사선으로 그린다. 즉, 2점투시에서는 수직선과 사선 2종류의 선이 사용된다. 가장 가까이에 있는 모서리를 먼저 그리고 그 모서리를 기준으로 양쪽 소실점까지의 투시선을 활용하여 상자를 완성한다. 2점투시로 상자를 그릴 때 두 소실점을 지름으로 하는 원 밖에 그려지는 상자는 왜곡되어 보이는 정도가 크다.

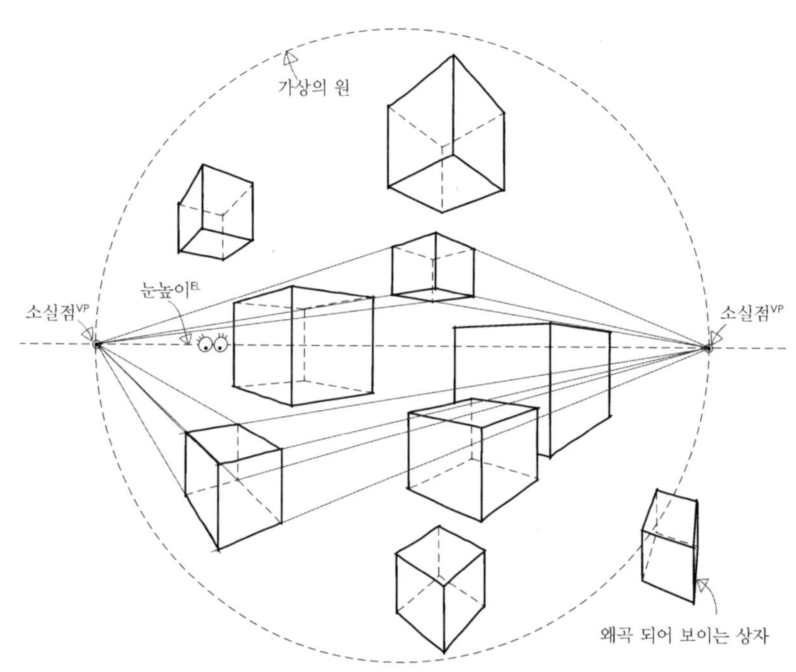

소실점[VP]은 항상 눈높이[EL] 위에 있다.

앞에서 언급했듯 눈높이[EL]는 지평선[HL] 위에 있고 또 소실점[VP]은 항상 그 눈높이에 있다. 즉 지평선과 눈높이 소실점은 화면상에 같은 높이에 있는 것이다. 2점 투시에서 양쪽 소실점이 눈높이에 있지 않고 서로 다른 높이에 있다면 올바르게 그리지 않은 것이다.

O

2개의 소실점 모두 수평한 위치 즉 눈높이에 있다.

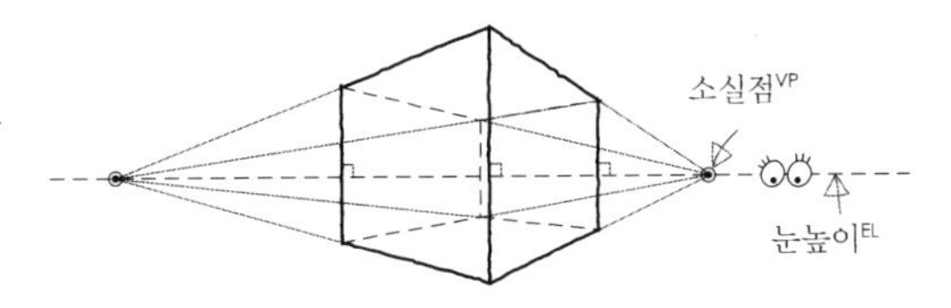

X

둘 중 하나의 소실점이라도 눈높이에 있지 않으면 드로잉이 왜곡되어 보이기 때문에 올바른 드로잉이 아니다.

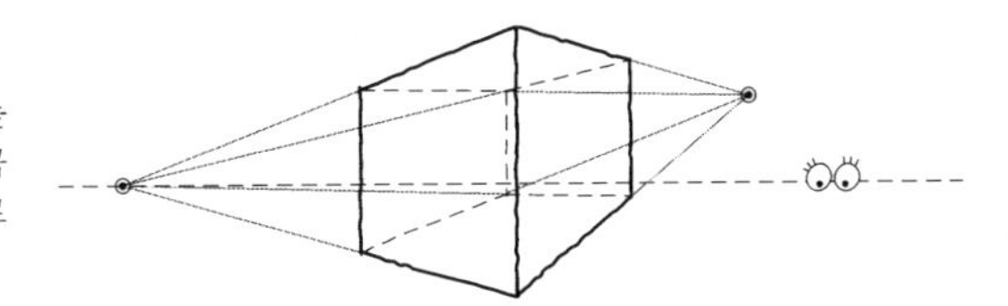

O

고개를 돌려 눈높이를 기울이고 싶다면 상자의 높이를 나타내는 선이 눈높이와 직각으로 교차하도록 그린다. 사진기를 기울여 찍은 것과 같은 효과를 나타낼 수 있다.

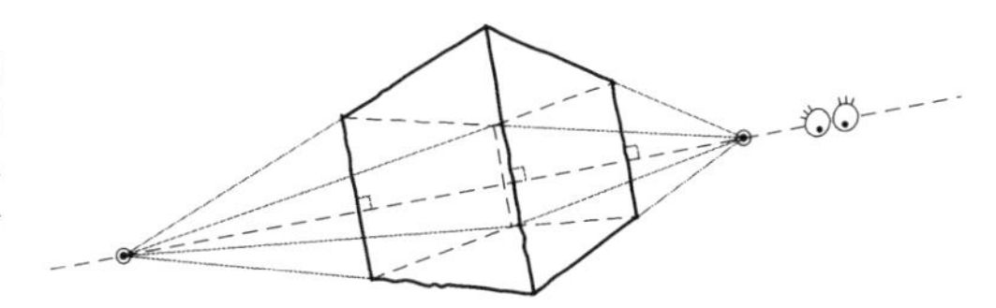

상자의 각도가 변하면 소실점VP도 움직인다.

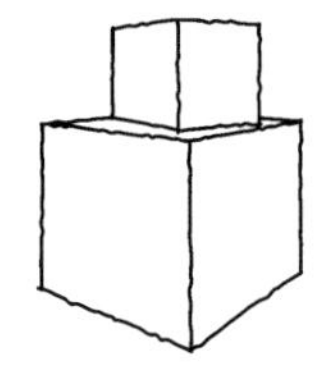

상자 위에 또 하나의 상자가 놓여있고 두 상자는 서로 평행이 아니다. 이렇게 각도가 서로 다른 상자가 놓여 있다면 각각의 소실점의 위치를 다르게 하여 그린다.

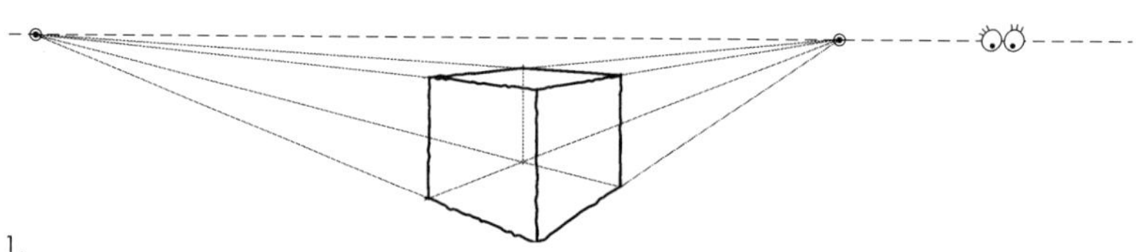

1.
눈높이 위에 소실점이 있는 것에 유의하면서 먼저 아래에 놓인 상자를 그린다.

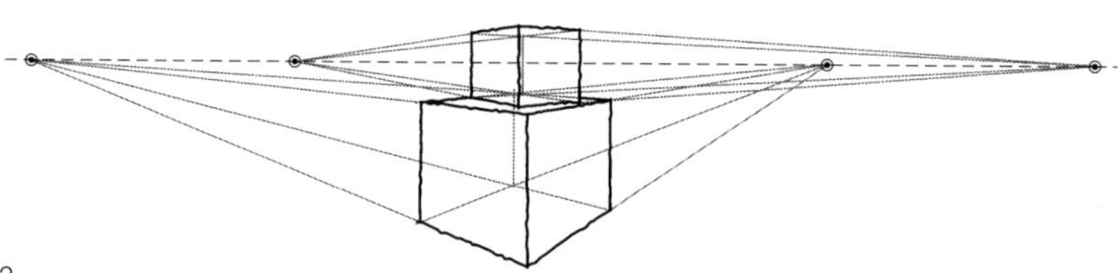

2.
원하는 각도만큼 소실점을 이동시켜 위에 놓인 상자를 그린다. 아래 상자의 소실점과 멀어질수록 각도의 변화가 크다. 이때 아래에 놓인 상자의 두 소실점 간격과 위에 놓인 상자의 두 소실점 간격이 동일해야 한다.

눈높이선은 문자 그대로 화면을 보고 있는 눈높이를 말한다. 그렇기 때문에 같은 화면속에 있는 상자들의 눈높이는 어떤 각도로 있더라도 단 하나의 눈높이로 동일하다. 상자의 각도가 변하면 각도가 다른 상자는 별개를 소실점을 갖지만 그 소실점의 위치는 눈높이선 위에서 변할 뿐 별개의 눈높이선이 생기는 것은 아니다.

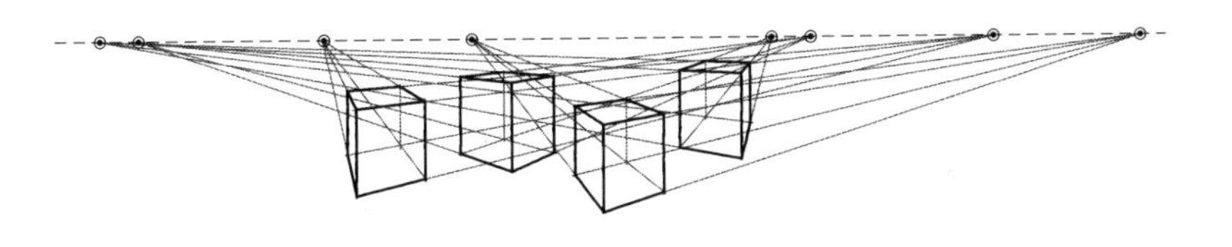

Numbers Clock
Jonas Damon, 2006

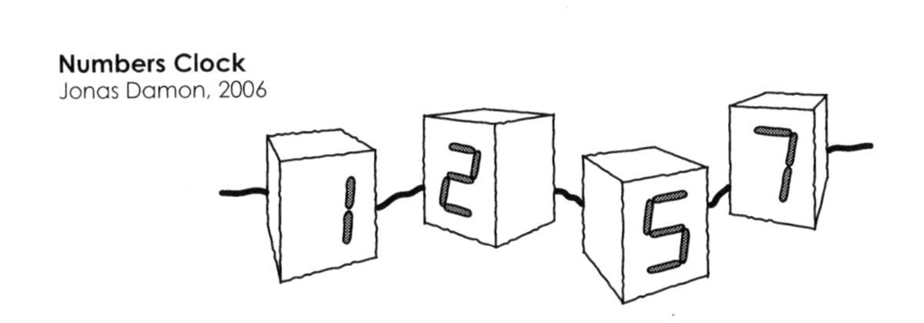

1점투시와 2점투시의 비교

1점투시와 2점투시의 차이는 상자의 한면과 PP가 평행한지 아닌지에 의해 결정된다. 1점투시와 2점투시 모두 상자의 높이선을 수직선으로 그리는 것이 특징이다.

PERSPECTIVE

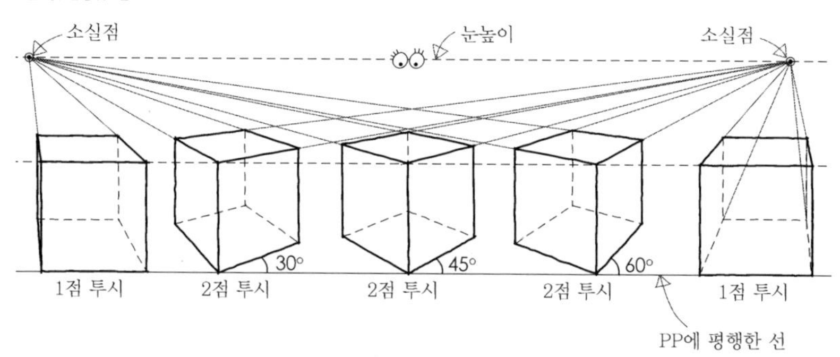

PLAN

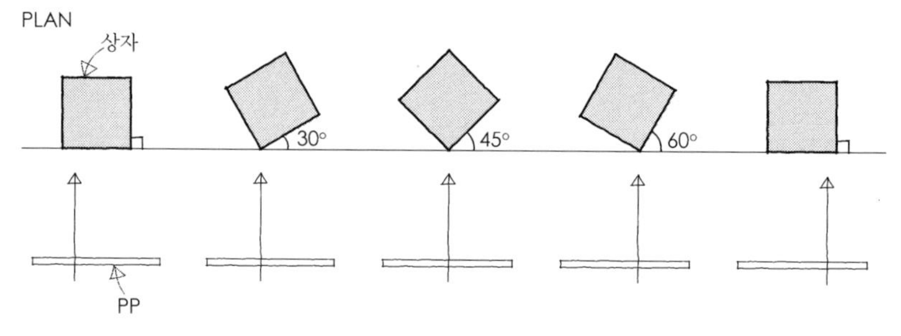

2점 투시 드로잉의 예

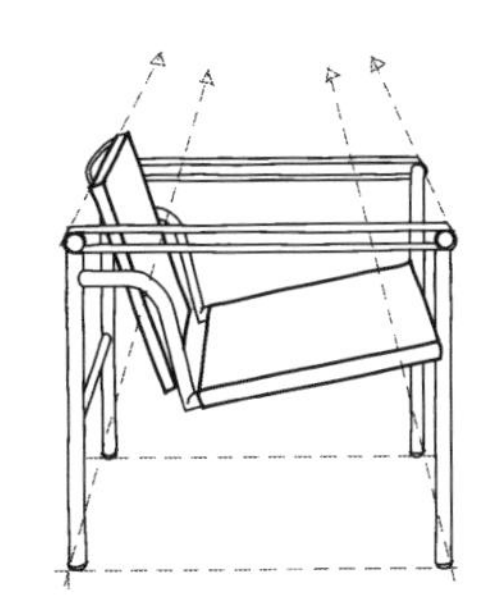

Child's Side Chair
Marcel Breuer, 1928

Robbie House
Frank Lloyd Wright, 1910
Chicago, Illinois USA

3점투시

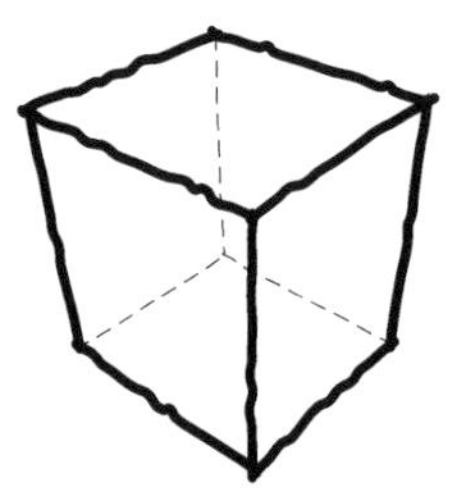

3점투시는 1,2점투시에 비해 사람의 눈으로 보는 것에 가장 가까와 보인다. 하지만 1점투시와 2점투시에 비해 그리는 것이 쉽지 않기 때문에 주로 눈높이를 강조하는 경우에 사용한다. 특히 사물이나 건축물의 외관을 위에서 내려다 보거나 아래에서 올려다 볼 때 주로 사용한다.

우리 주변에서 찾아 볼 수 있는 3점투시

3점투시 상자 그리기

1점투시와 2점투시에서는 PP를 지면에 수직으로 들고 있기 때문에 높이를 나타내는 선은 모두 수직으로 표현된다. 그러나 3점투시에서는 PP를 기울여서 들기 때문에 높이를 나타내는 선에도 투시원근법이 적용되어 투시선이 어떤 한 점(소실점)으로 모이게 된다. 즉, 2점투시의 소실점 2개에 높이를 나타내는 선의 소실점이 하나 더 추가되어 3개의 소실점을 갖는 3점투시가 되는 것이다.

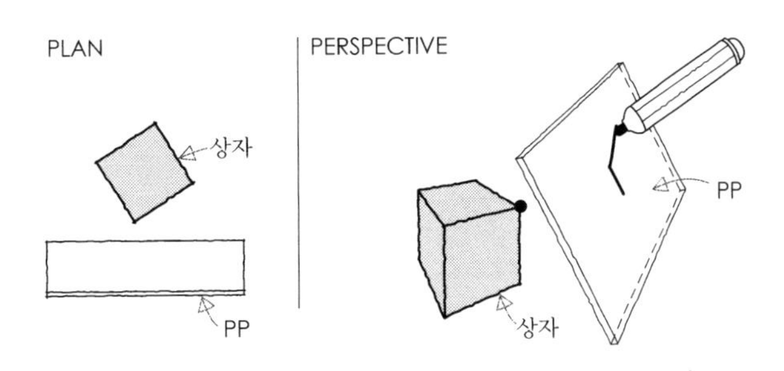

1,2점투시와 3점투시의 비교

1점투시와 2점투시는 액자를 지면에 수직으로 들고 있는 것이기 때문에 그 시선에 한정된 것이지만 대상을 조금이라도 올려다 보거나 내려다 보면 3점투시 드로잉이 된다. 즉, 앞에서도 언급했듯 의식적으로 사물을 수평으로 보려고 애쓰지 않는 한 대부분 사물을 기울여서 보기 때문에 직선투시도법 중 사람이 눈으로 사물을 인지할 때 보이는 것과 가장 가깝게 나타나는 것이 3점투시다. 하지만 그렇다고 해서 모든 드로잉을 3점투시로 그려야 하는 것은 아니다. 극단적으로 대상을 올려다 보거나 내려다 보는 눈높이를 강조하는 드로잉이 아니라면 편의상 대부분 2점투시를 활용한다. 자신의 생각을 전달하기에 적절하고 빠른 방법을 선택하여 그리는 것이 바람직하다.

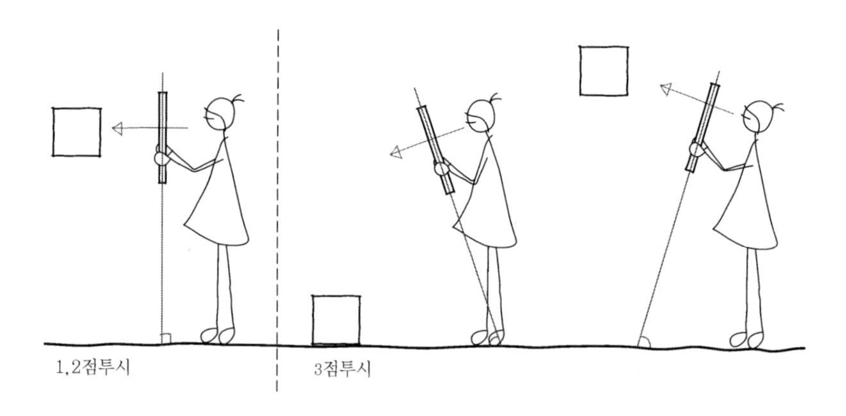

3점투시에서는 화면을 기울이는 정도에 따라 눈높이 선이 액자 밖으로 벗어나는 경우도 있다. 2점투시에서 눈높이 위에 있는 2개의 소실점의 간격이 클수록, 즉 소실점이 화면 밖에 멀리 있을 때 왜곡을 줄여 더 자연스럽게 보인다는 것을 알았다. 3점 투시에서도 마찬가지로 소실점이 화면에서 멀수록 드로잉이 더 자연스러워 보인다. 특히 높이의 소실점은 예상보다 매우 멀리 있는 경우가 많으므로 무리해서 소실점을 찾아내려고 하지 말고 적당히 자연스럽게 그리도록 한다.

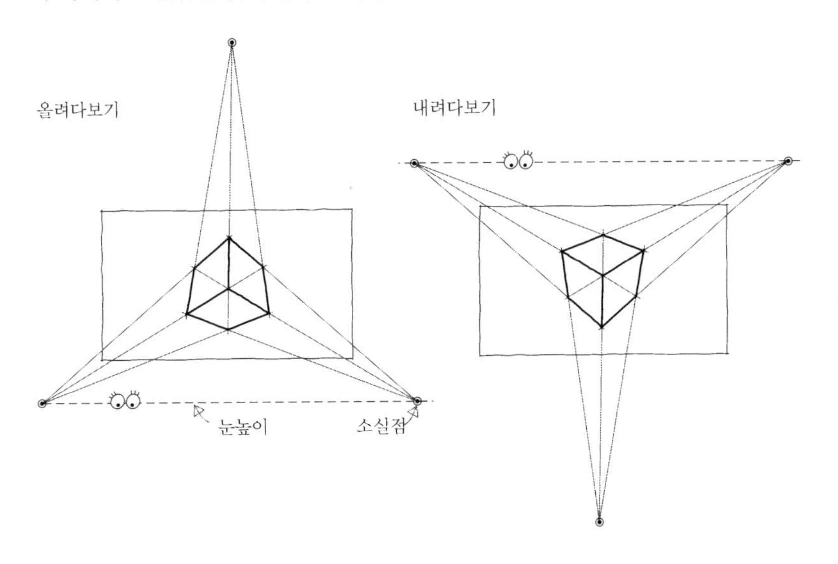

3점투시 상자 그리기

상자를 3점투시로 그릴 때에는 높이, 폭, 깊이를 나타내는 모든 선이 사선인 것이 특징이다. 아래에 보이는 원 안의 상자들은 모두 상자를 위에서 내려다 본 것이다. 상자를 아래에서 위로 올려다본 형태를 그리려면 눈높이선을 아래로 옮기고 아래의 소실점을 눈높이선 위에 위치시키면 된다. 책을 거꾸로 뒤집어 보면 쉽게 확인할 수 있다.

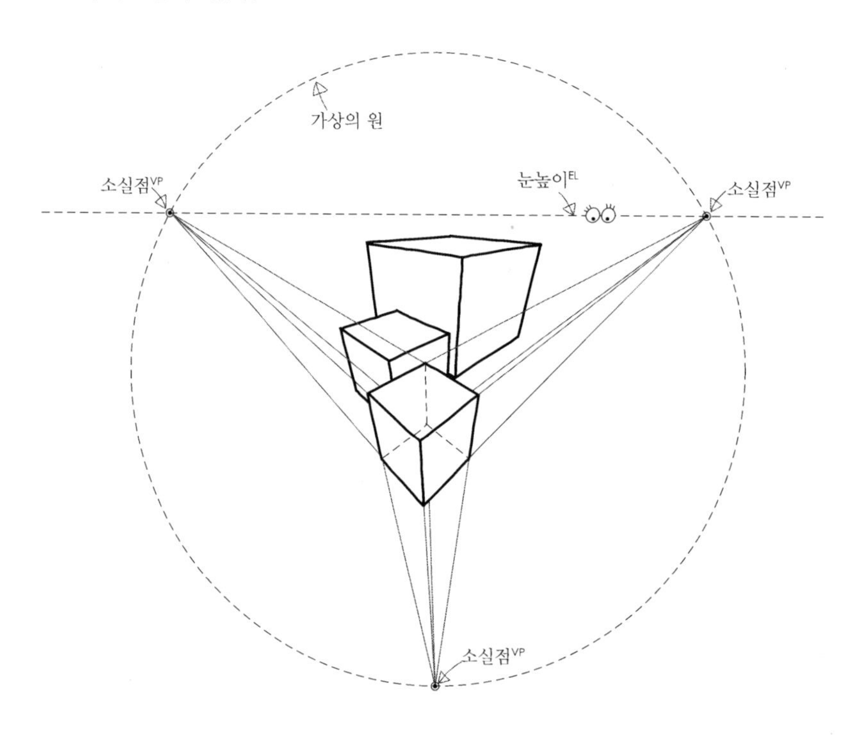

3점투시 드로잉의 예

LC-2 Chair and Sofa
Le Corbusier, Pierre Jeanneret,
Charlotte Perriand, 1928

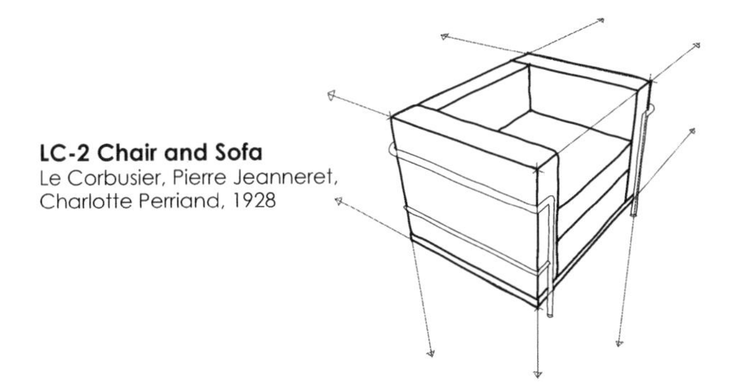

Schroder House
Gerrit Rietveld, 1925
Utrecht, Netherlands

0점 투시

0점 투시도에서는 소실점이 존재하지 않는다. 소실점은 평행한 선들이 있어야 존재하는 것이기 때문에 직선이 없는 투시도에서는 소실점이 존재하지 않는다. 주변을 둘러보면 건축물과 가구 제품 등 온통 직선, 원, 육면체 등 기하학적인 형태의 인공물들 투성이지만, 자연의 풍경은 인공의 직선이 나타나지 않으므로 소실점이 존재하는 드로잉을 할 수 없다. 소실점이 존재하지는 않지만 가까이 있는 나무가 멀리 있는 산보다 크게 보이고 흘러가는 강물은 멀어질수록 사라지는 것처럼 보이도록 원근감을 표현하는 것이 0점 투시이다. 일반적인 풍경사진을 생각하면 된다. 이러한 0점투시 드로잉은 소실점을 의식하지 않고 자연스럽게 그리는 것이 특징이다.

우리 주변에서 찾아 볼 수 있는 0점 투시

0점 투시 드로잉의 예

4. 형태그리기

드로잉에서 가장 기본적인 것은 형태를 그리는 것이다. 2차원의 표면에 3차원의 입체적인 형태를 표현하는 것이므로 사물을 이루고 있는 선을 찾아서 전체의 윤곽선을 그리는 것이 중요하다. 일상생활에서도 사물의 형태적 특성을 찾아내는 연습을 해보도록 한다.

지금까지는 정육면체 형태의 상자 그리기로 직선원근법의 기본원리를 익혔지만 우리가 살아가는 현실에는 정육면체 이외에도 사물은 다양한 형태로 존재한다. 복잡한 형태일지라도 기본적인 드로잉 방법을 익히면 쉽게 접근할 수 있다. 가장 기본적인 형태를 찾아 분할, 연장, 경사, 원형 그리기 등의 방법으로 그려본다.

분할

다양한 형태를 그리기 위해 기본적으로 분할의 방법을 활용할 수 있다. 먼저 2차원의 정사각형을 분할하는 방법부터 익혀 본다.

2분할

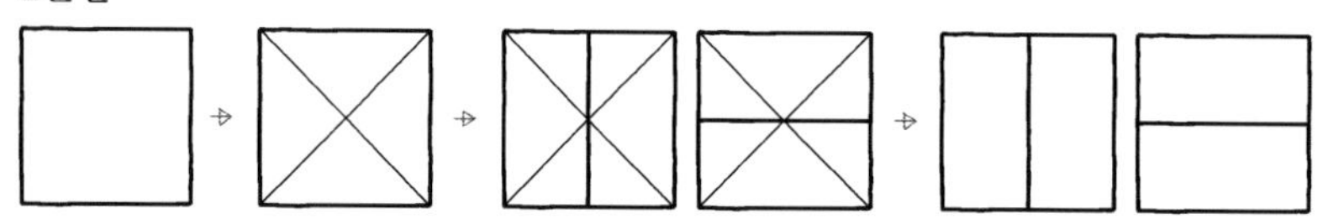

주어진 정사각형의 꼭지점에서 대각선을 그리고, 그 대각선이 서로 만나는 점에서 수직선 혹은 수평선을 그리면 간단히 정사각형을 둘로 나눌 수 있다.

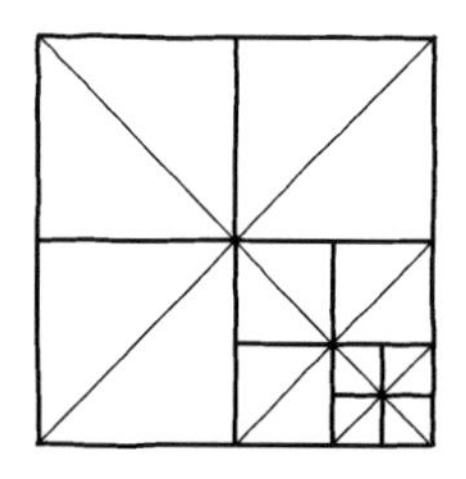

위와 같은 방법을 반복하면 2분할, 4분할, 8분할, 16분할 등 무한히 분할할 수 있다.

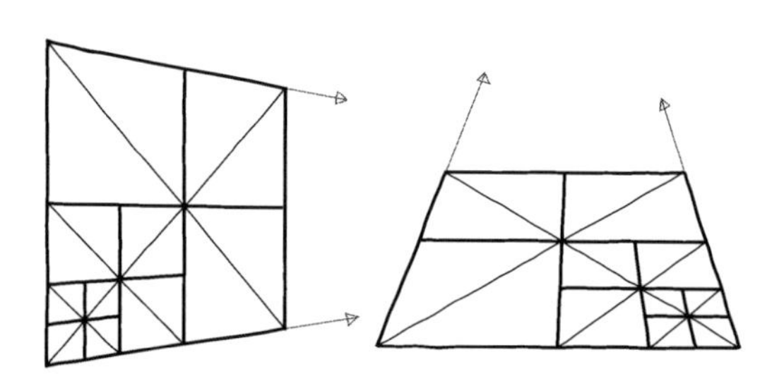

투시원근법이 적용되는 면에서도 같은 방법으로 소실점을 고려하여 분할할 수 있다.

3분할

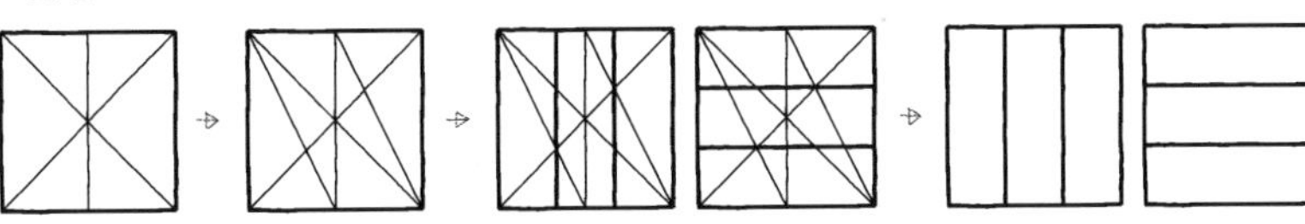

먼저 앞에서 배운대로 2분할한다. 2분할하여 만들어진 2개의 직사각형에 각각 대각선 하나를 그려 넣는다. 2분할할 때 그린 대각선과 새로 그려넣은 대각선이 만나는 점을 지나는 수직선, 혹은 수평선을 그리면 처음 정사각형이 3분할 된다. 3분할도 같은 방법을 반복하면 9분할, 27분할 등 무한히 분할할 수 있으며 2분할과 마찬가지로 직선원근법이 적용되는 면에서도 같은 방법으로 소실점을 고려하여 분할할 수 있다.

2분할과 3분할

2분할법과 3분할법을 적절히 활용하면 6분할, 12분할 등이 가능하여 더욱 다양한 형태를 그릴 수가 있다. 이런 분할 방법이 있다는 것을 알아 두는 것은 중요하지만 같은 크기로 많은 분할을 해야 할 때는 자를 이용하는 것이 훨씬 수월하다.

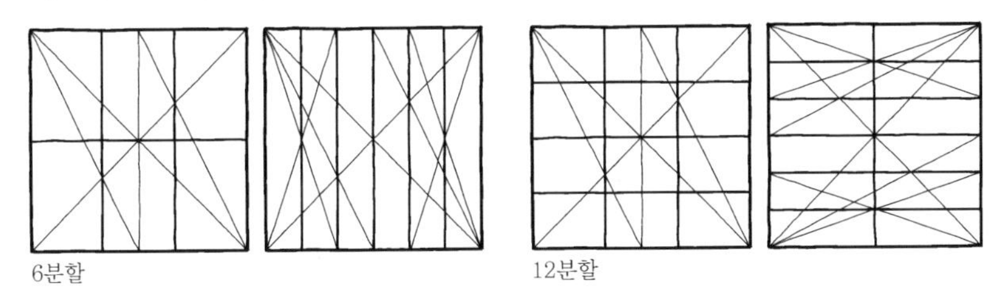

6분할 12분할

분할을 이용하여 다양한 형태 그리기

투시원근법이 적용되는 면에서도 분할의 방법을 이용할 수 있으므로 상자를 분할하여 다양한 형태를 그릴 수 있다. 앞에서 익힌 2분할과 3분할법을 적절히 활용하여 주어진 예시를 따라 그려보는 연습을 한다.

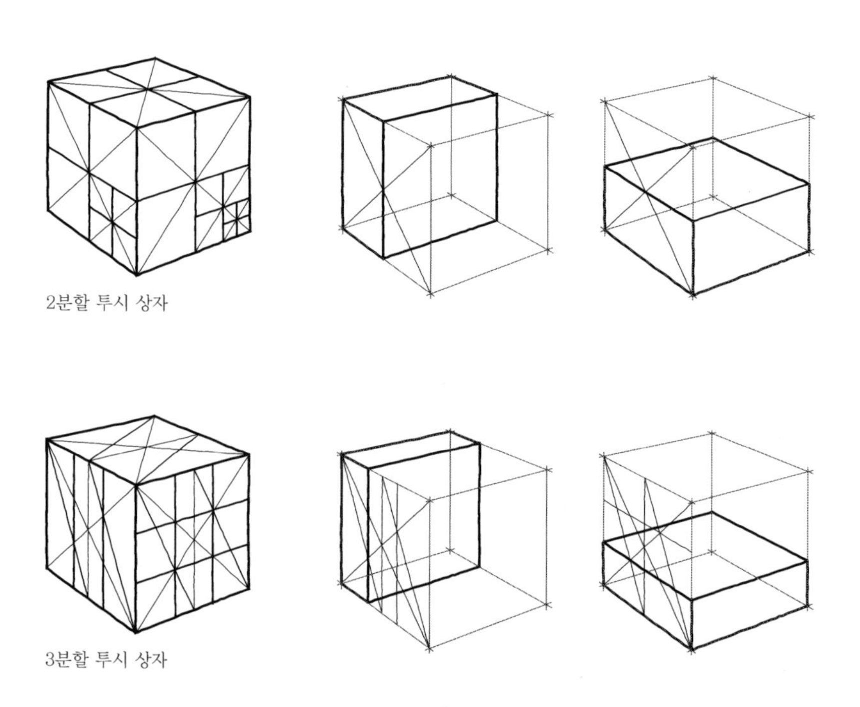

2분할 투시 상자

3분할 투시 상자

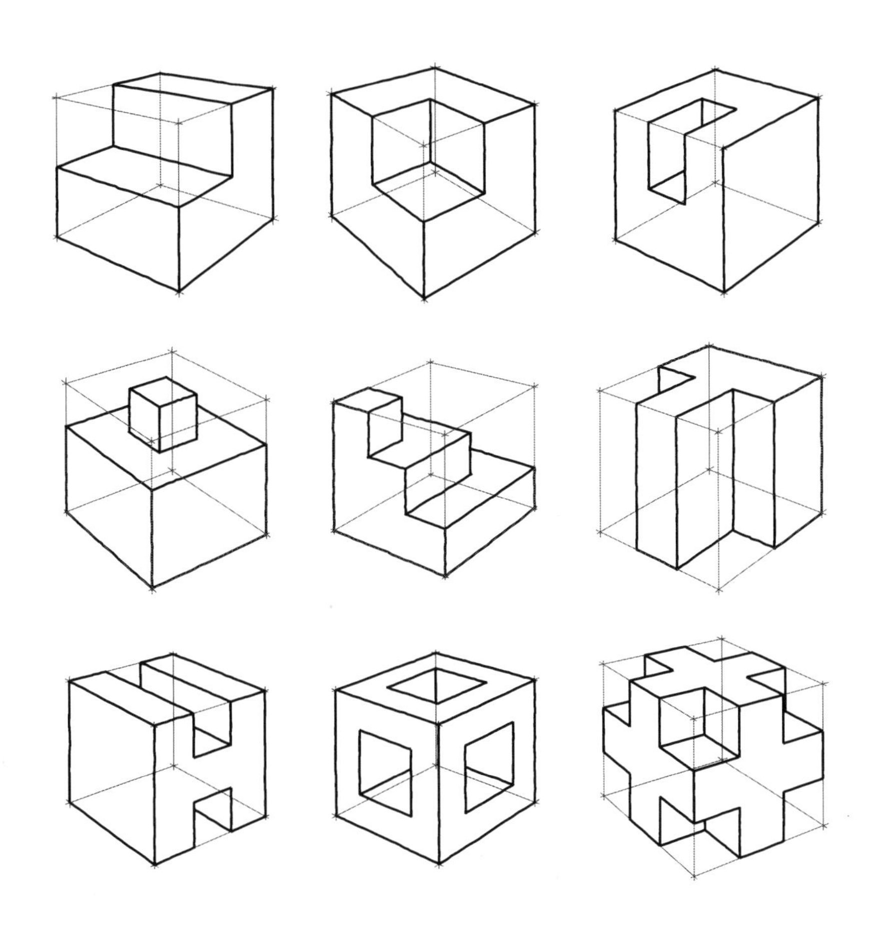

분할을 이용하여 계단 그리기

전체 높이를 알고 한 눈에 볼 수 있는 길지 않은 계단이라면 분할하는 방법으로 그리는 것이 비교적 쉽다.

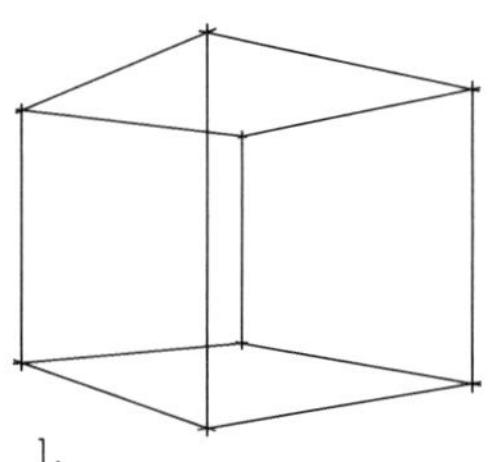

1.
먼저 계단 전체가 들어갈 만한 상자를 그린다.

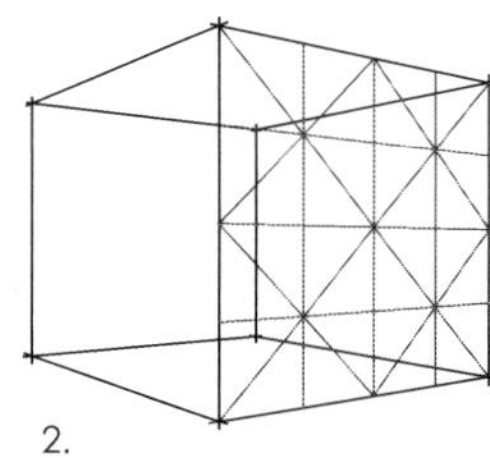

2.
몇 칸의 계단이 들어갈 것인가를 고려해서 옆면을 분할한다. 여기에서는 4칸의 계단을 그리는 것으로 한다.

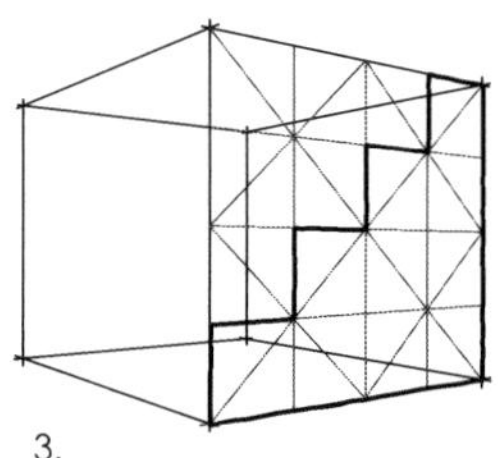

3.
가로, 세로를 각각 4분할하여 전체 16분할한 것을 따라 계단 옆면을 완성시킨다.

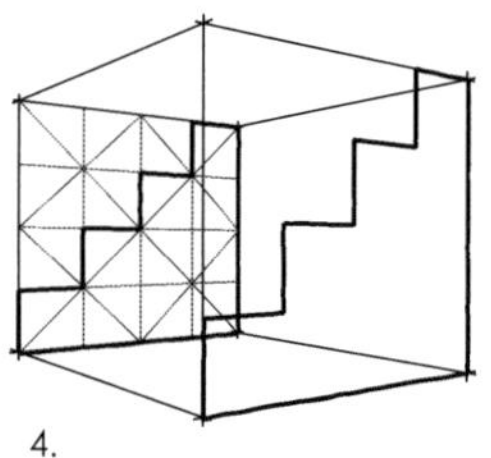

4.
분할한 면과 평행한 반대쪽면도 같은 방법으로 분할하여 계단 옆면을 그린다.

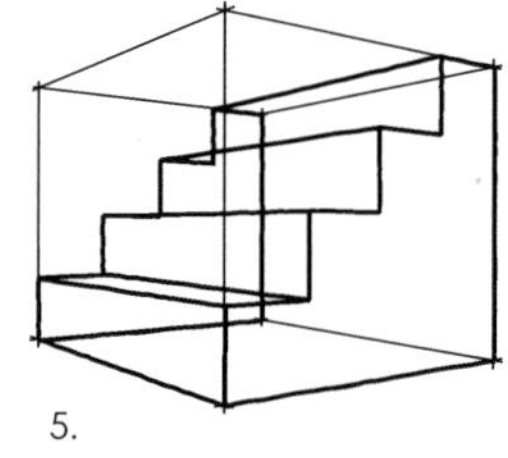

5.
양쪽 계단 옆면을 모두 그린 후 마주보고 있는 꼭지점을 연결한다.

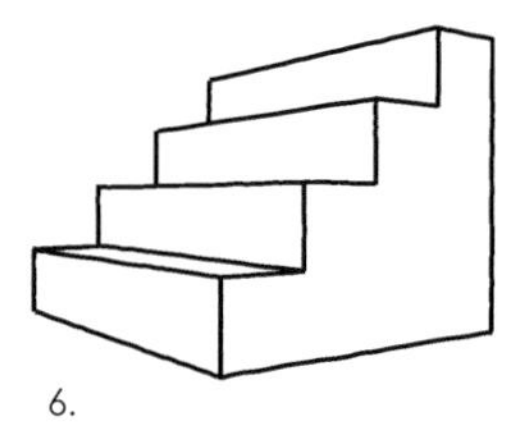

6.
불필요한 보조선을 지우면 계단이 완성된다.

분할을 이용하여 건축물 그리기

Glass Shutter House
Shigeru Ban
Tokyo, Japan 2003

연장

공간에서 끝이 보이지 않는 울타리나, 바닥 타일 등 무한히 전개되는 것들은 분할하는 방법으로 그릴 수 없다. 이런 경우에는 연장하는 방법을 이용하여 그린다. 하나의 기본 단위를 활용하여 그것을 늘려가는 방법이다.

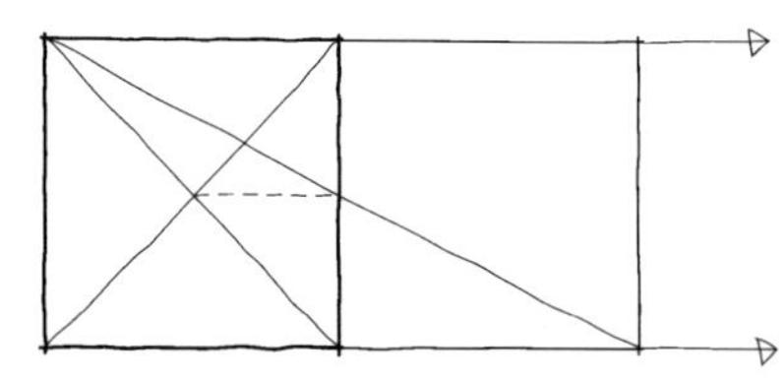

기준이 되는 정사작형에서 대각선을 그리고 대각선의 교차점을 이용해 정사각형의 중심점을 찾는다. 반대편 꼭지점에서 그 중심점을 지나는 선을 정사각형 밑변의 연장선과 만날 때까지 그린다. 그 만나는 점에서 수직선을 그리면 똑같은 크기의 정사각형이 생긴다. 이 방법을 반복하면 정사각형을 계속 연장하여 그릴 수 있다.

투시원근법에서 연장하기

투시원근법을 적용할 때도 마찬가지이다. 투시원근법에서도 같은 방법으로 정사각형을 연장하면 어떤 비율로 정사각형이 그려지는지 정확하게 알 수 있다.

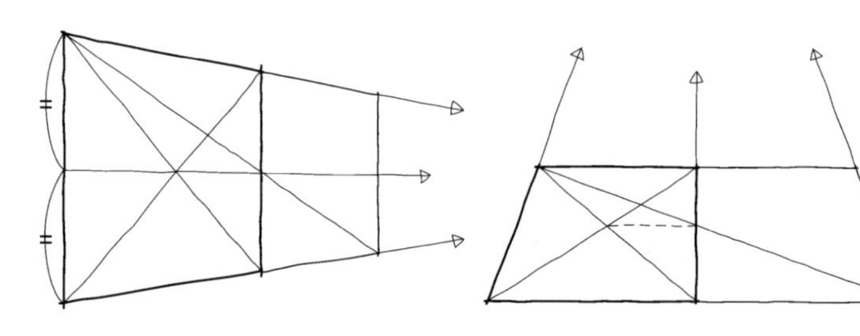

투시도법으로 상자 연장하여 그리기

1점 투시

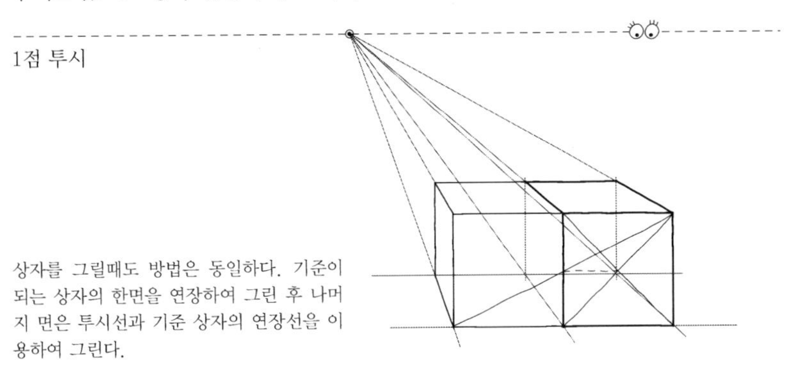

상자를 그릴때도 방법은 동일하다. 기준이 되는 상자의 한면을 연장하여 그린 후 나머지 면은 투시선과 기준 상자의 연장선을 이용하여 그린다.

2점 투시

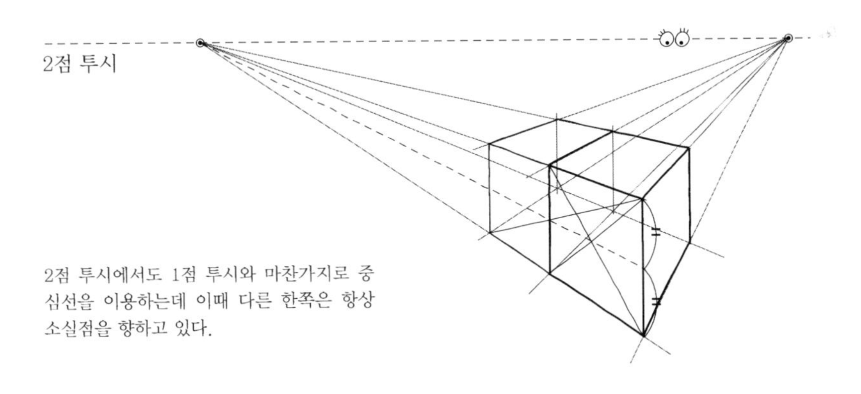

2점 투시에서도 1점 투시와 마찬가지로 중심선을 이용하는데 이때 다른 한쪽은 항상 소실점을 향하고 있다.

울타리 그리기

같은 간격으로 말둑이 박힌 울타리를 투시도법으로 그릴 때에도 연장의 방법을 사용한다. 사각형을 연결시켜 나감으로 적합한 비율로 그릴 수 있다.

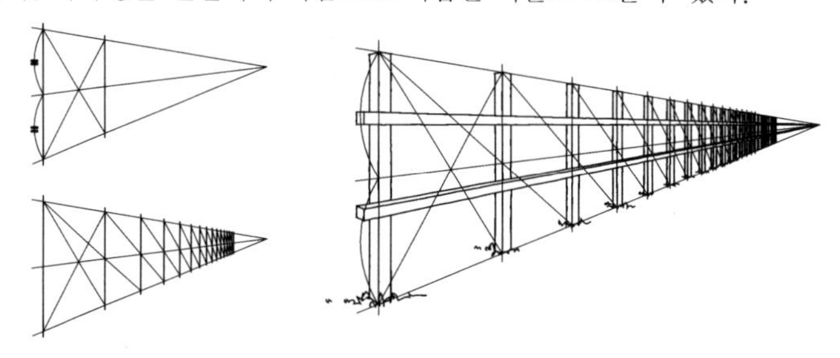

복잡한 형태 상자 이어가기

기본 단위가 되는 하나의 정사각형을 기준으로 전후좌우로 원하는 어떤 형태로든 투시도법을 이용하여 상자를 이어나갈 수 있다. 앞에서 익힌 방법을 활용하여 상자를 연장하는 연습을 해 본다.

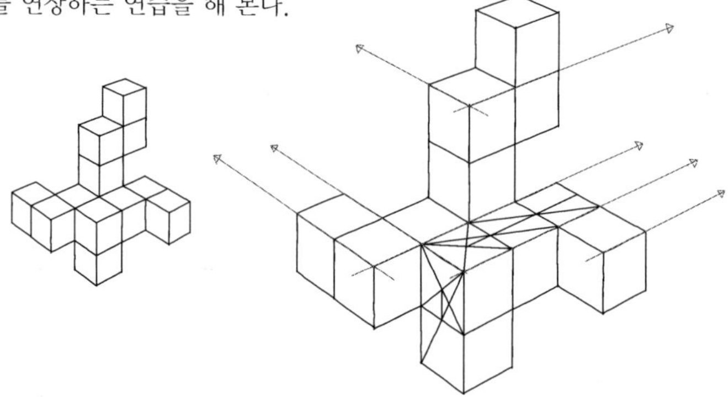

+,−

다양한 형태를 그릴 때 분할이 '상자−상자'의 뺄셈이었다면 연장은 '상자+상자'의 덧셈이라고 할 수 있다. 어떤 방법이 더 쉽고 어려운지의 판단은 개개인마다 다르다. 본인이 익숙하고 편한 방법을 활용하여 빠르게 형태를 잡아내는 것이 중요하다.

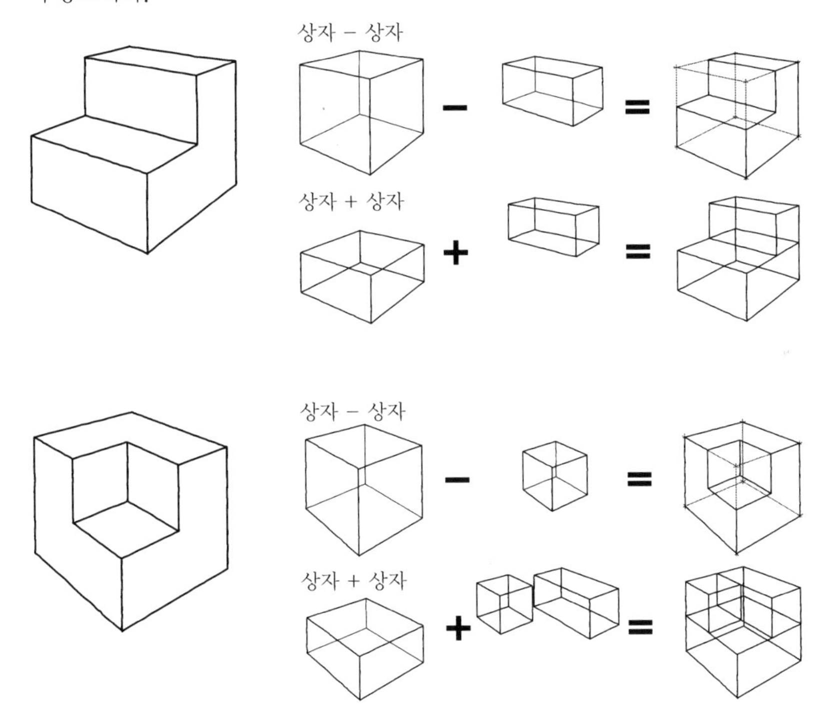

경사

분할로 경사 그리기

간단한 제품이나 가구 등을 그리는 경우의 경사라면, 복잡하게 소실점을 잡지 않고도 분할을 이용하여 간단하게 그릴 수 있다. 1. 먼저 상자를 그리고 2. 분할하여 3. 대각선으로 경사를 그린 다음 4. 불필요한 부분을 지우면 된다.

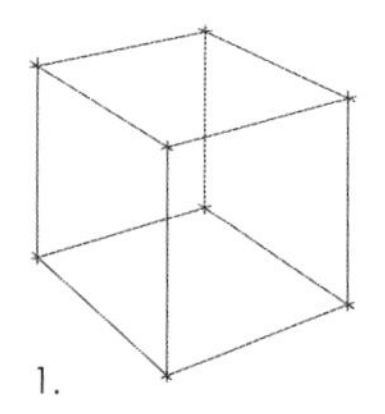
1.

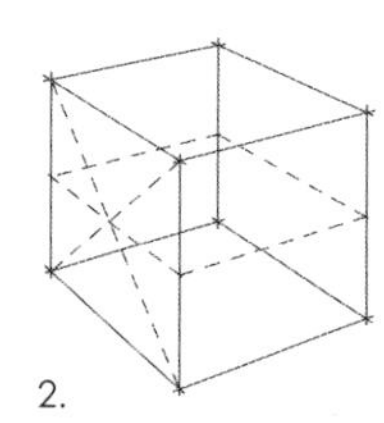
2.

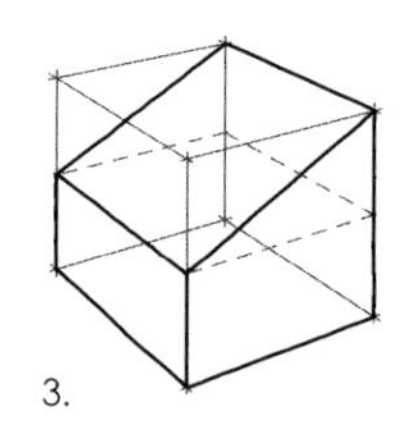
3.

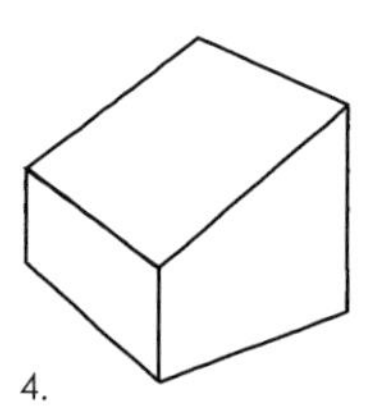
4.

같은 방법으로 다양한 형태를 그릴 수 있다. 아래 제시된 예를 참고로 분할을 이용하여 많은 다양한 형태의 경사 드로잉 연습을 해본다.

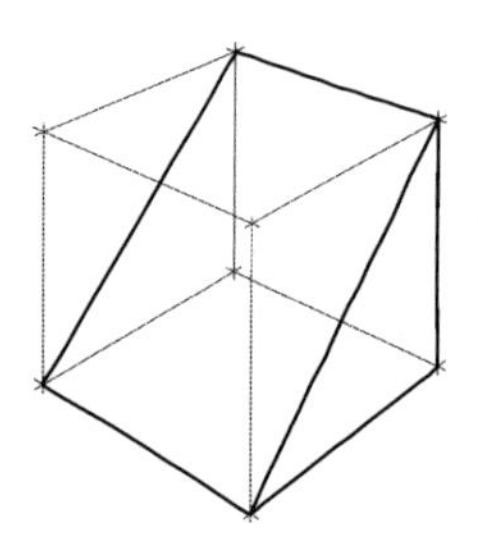

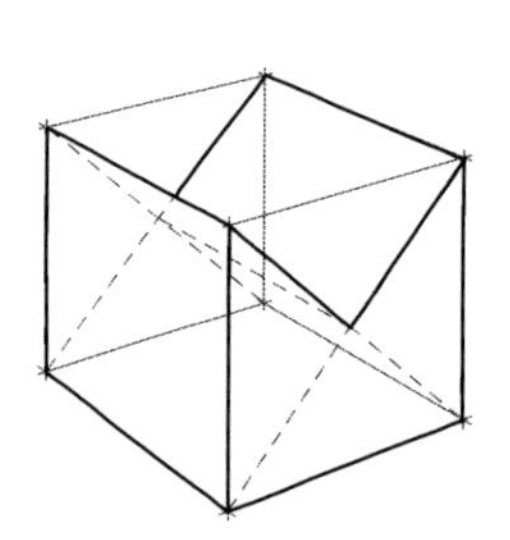

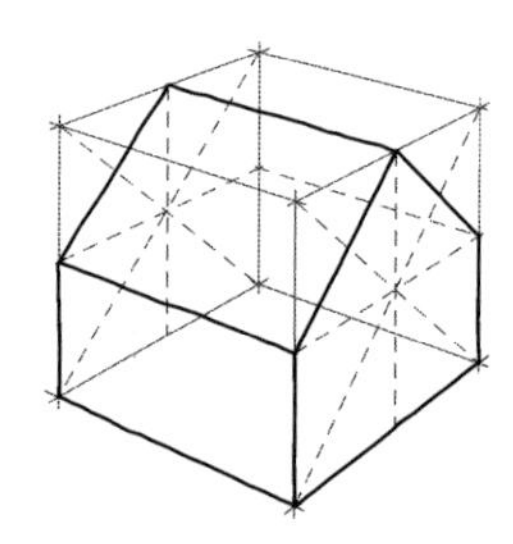

직선원근법으로 경사 그리기

큰 건축물의 경사나 언덕길 같은 경우는 분할로 경사를 그리는 것보다 소실점을 잡아 경사를 그리는 것이 바람직하다. 먼저 소실점을 잡아 편평한 면을 그리고 그 소실점과 같은 수직선 상에 있는 경사의 소실점을 따로 잡아 경사면을 그리면 된다. 이 때 경사의 방향에 따라 경사 소실점의 위치가 정해지며 경사면의 경사가 급할수록 경사의 소실점은 눈높이[EL]에서 멀어진다.

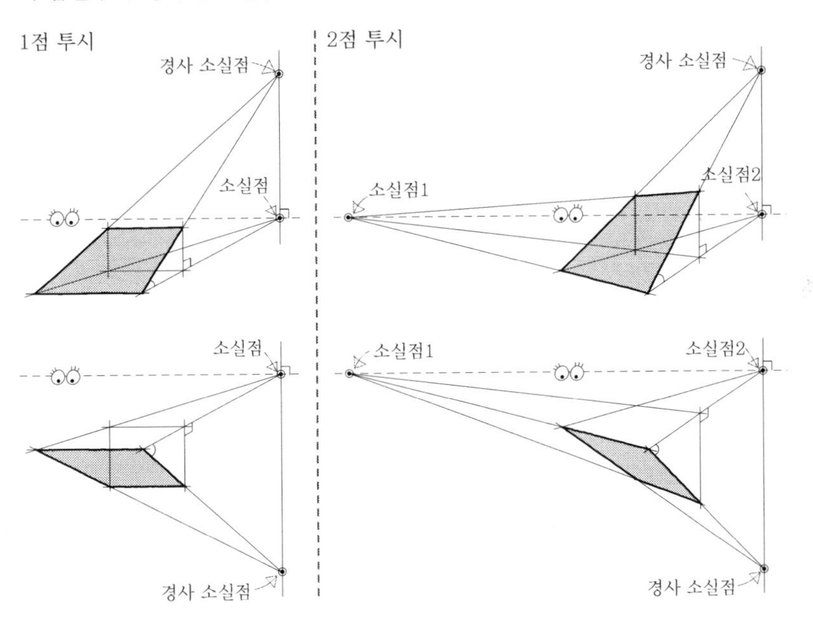

연장과 경사 소실점을 이용하여 계단 그리기

앞에서 작은 계단은 분할로 그렸지만 전체 높이나 끝을 알 수 없는 계단은 경사 소실점을 잡아 연장의 방법으로 그린다.

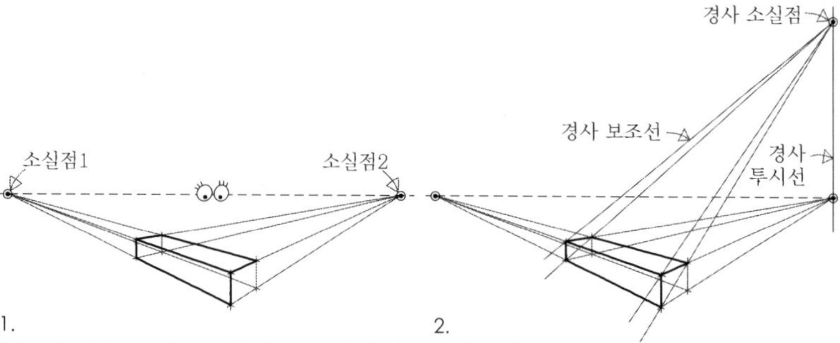

1.
우선 눈높이를 고려하여 2점투시로 계단의 첫 칸을 그린다. 계단의 폭과 높이는 사람이 다니기에 적절해 보이도록 한다.

2.
첫 계단 옆면의 대각선을 연장하여 경사투시선을 그리고 소실점2의 수직선상 위에 경사소실점을 잡는다. 경사소실점에서 첫 계단의 나머지 모서리로 경사보조선을 그린다.

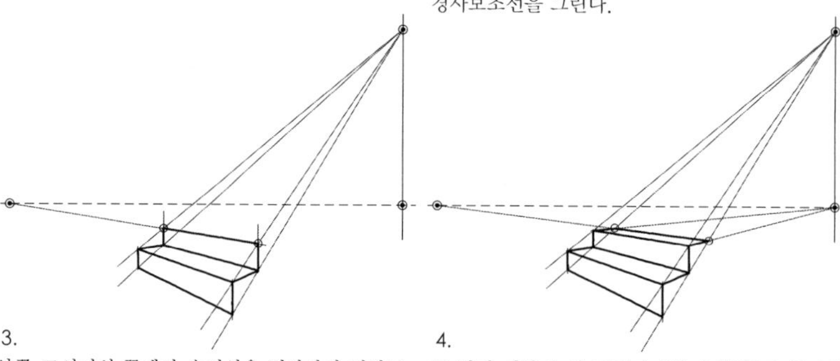

3.
양쪽 모서리의 끝에서 수직선을 연장하여 경사보조선과 만나는 점에 소실점1로 투시선을 그려 다음 계단의 높이를 결정한다.

4.
두 번째 계단 높이 모서리에서 소실점2로 투시선을 그려 경사투시선과 만나는 점을 잡는다. 그 점에서 다시 소실섬1로 투시선을 그리면 계단 두 번째 칸이 완성된다.

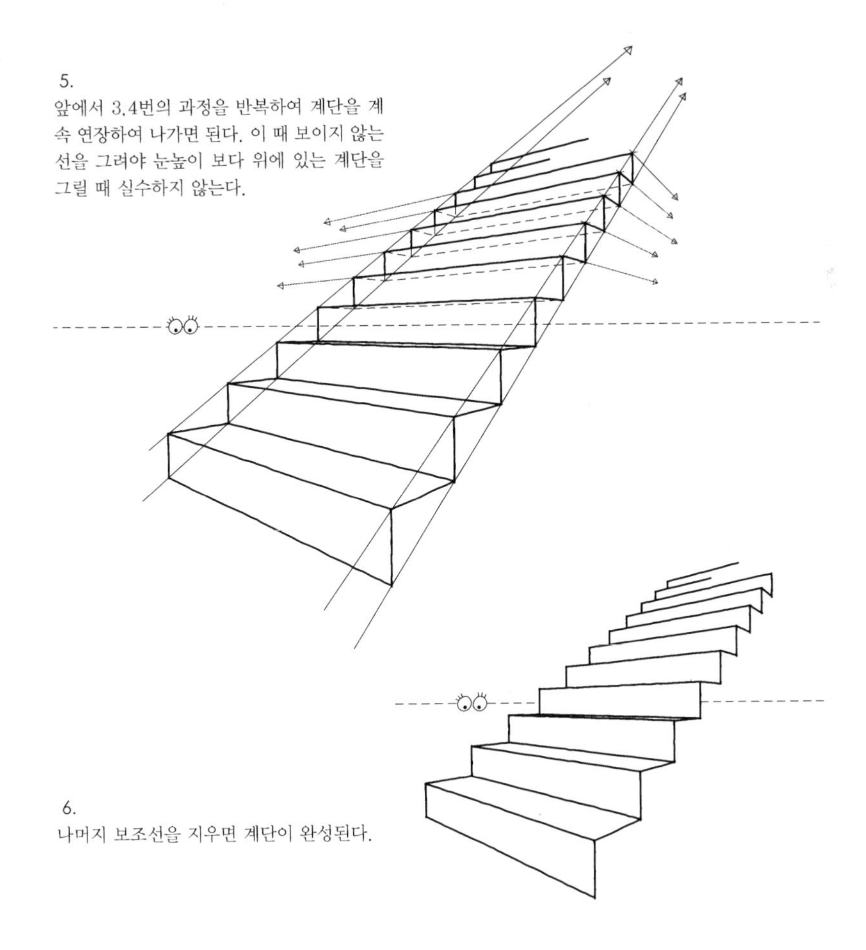

5.
앞에서 3,4번의 과정을 반복하여 계단을 계속 연장하여 나가면 된다. 이 때 보이지 않는 선을 그려야 눈높이 보다 위에 있는 계단을 그릴 때 실수하지 않는다.

6.
나머지 보조선을 지우면 계단이 완성된다.

다양한 형태의 경사 그리기

앞에서 분할로 그린 형태를 소실점을 잡아 그려 본다. 경사지지 않은 선은 눈높이선EL 위의 소실점을 향하고 경사의 방향과 경사의 각도에 따라 경사 소실점의 위치가 결정된다.

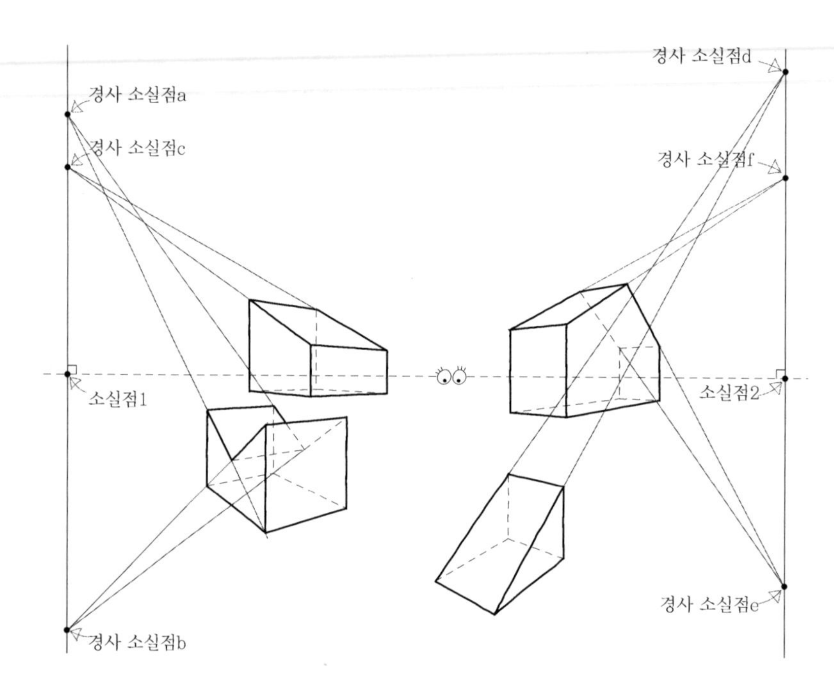

경사를 이용하여 건축물 그리기

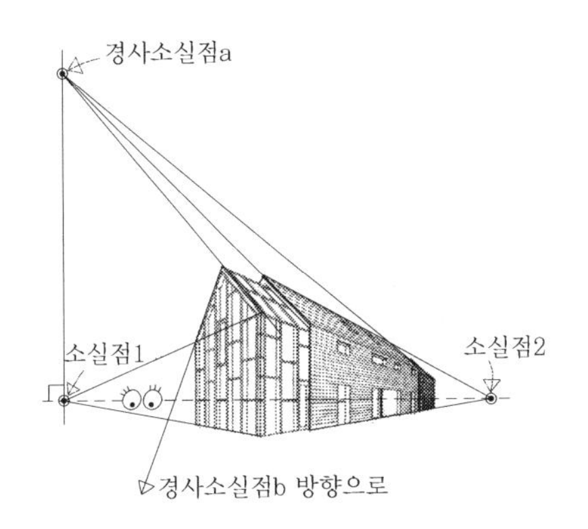

Sliding House
dRMM Architects, 2009
Suffolk, England

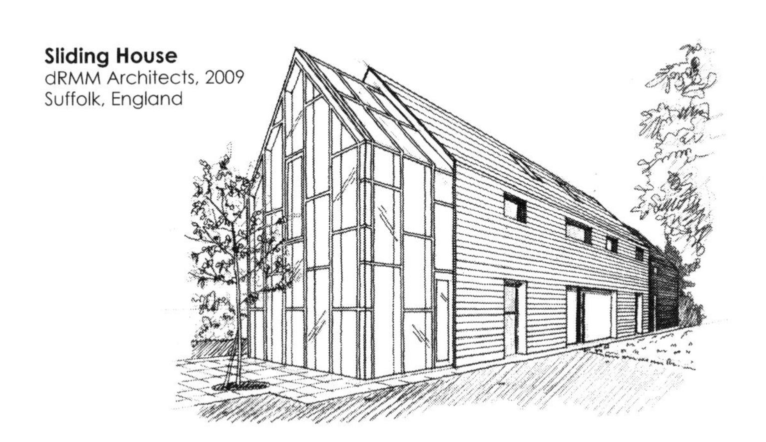

원형

지금까지는 직선 드로잉만을 배웠지만 우리 실생활에서는 직선뿐 아니라 컵, 화분, 전구, 바퀴는 물론 자연에서 곡선을 찾아볼 수 있다. 곡선의 가장 기본인 원을 그리는 방법은 간단하다.

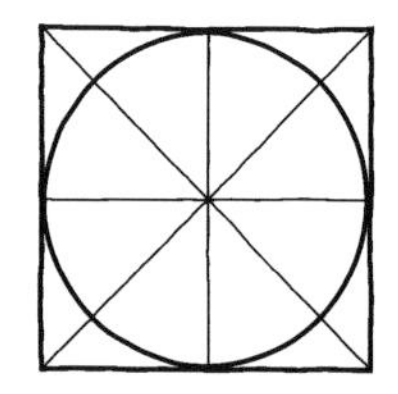

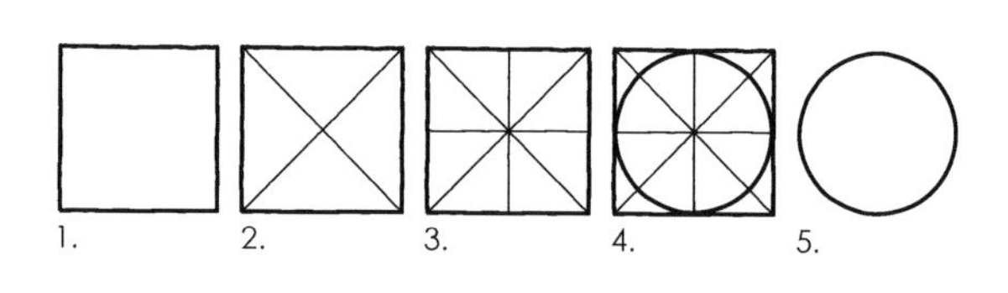

1.먼저 사각형을 그리고 2.사각형의 각 꼭지점을 연결하는 대각선을 그린다. 3.두 대각선이 만나는 점에서 수직, 수평선을 그린 다음 4.수직 수평선과 사각형이 만나는 점을 지나는 원을 사각형 안에 접하게 그린다. 5.원을 제외하고 필요 없는 선들은 지운면 원이 완성된다. 투시도법이 적용된 사각형에서도 같은 방법으로 그린다.

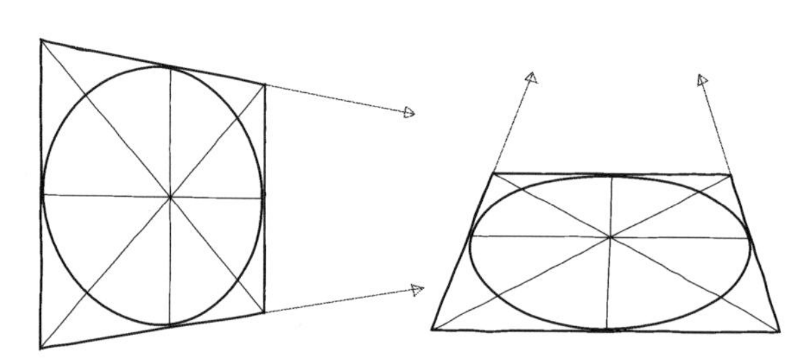

실제로는 정 원이지만 우리가 그것을 정면으로 바라보지 않는 이상 평소 우리는 투시도 법으로 사물을 바라보기 때문에 우리 눈에는 타원으로 보인다. 눈높이와 보는 각도에 따라 원이 타원으로 보이는 정도는 다르다. 바닥 면과 평행한 면에 있는 원은 눈높이에 가까울 수록 폭이 좁은 타원으로 보인다.

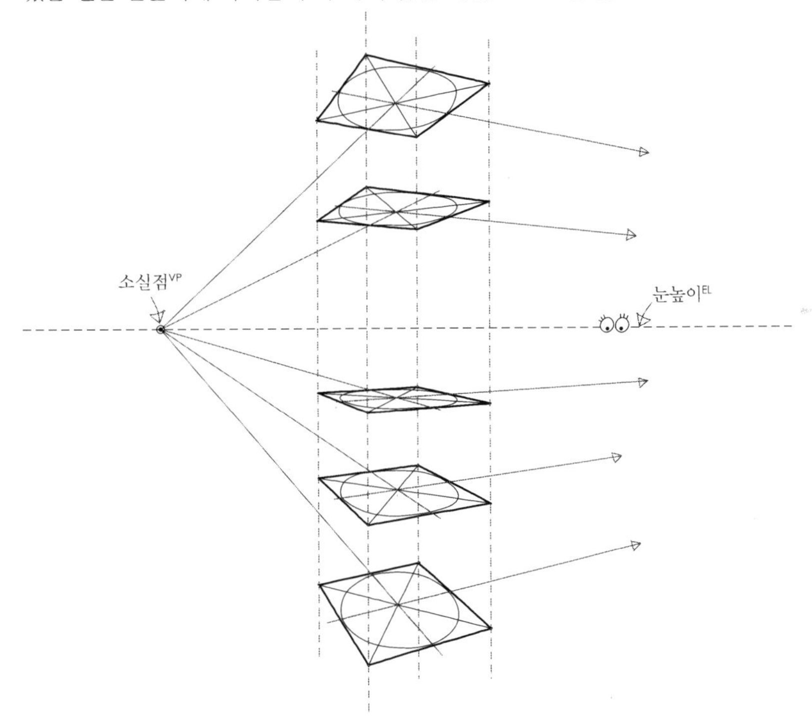

원기둥과 원뿔 그리기

1.먼저 상자를 그리고 그 내부에 원기둥을 그리는 것이 쉽다. 2.마주보는 상자의 두 면에 대각선을 그려 원의 중심을 정하고 상자의 모서리에 접하는 원을 그린 다음 3.이 두 원에 접하는 직선을 그려 넣는다. 4.불필요한 선들을 지우면 원기둥이 완성된다.

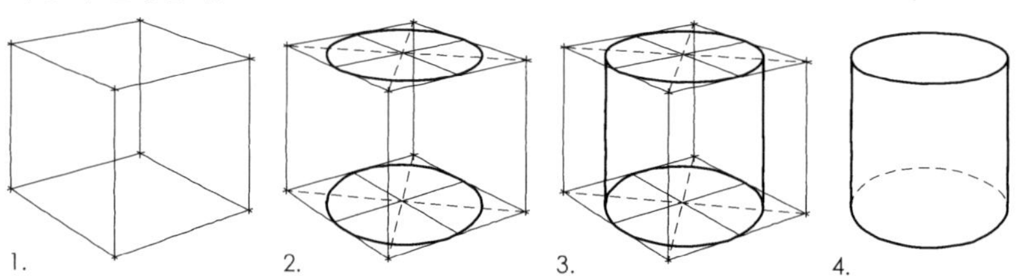

원뿔을 그릴 때도 원기둥과 마찬가지로 1.먼저 상자를 그린 다음 2.상자의 밑면에 원을 그린다. 3.마주보는 반대쪽 면에 대각선을 그려 중심점을 잡고 원의 양쪽 끝과 그 점을 연결하는 직선을 그린다. 4.불필요한 선들을 지우고 나면 원뿔이 간단하게 완성된다.

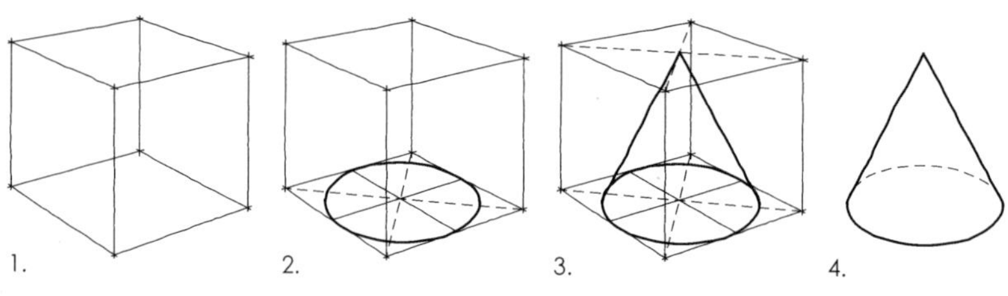

타원 그리기

원을 그리는 것과 같은 방법으로 타원을 그린다. 다만 정사각형과 정육면체를 활용하여 원을 그렸다면, 타원은 원하는 타원의 정도만큼 직사각형과 직육면체를 기준으로 그리면 된다.

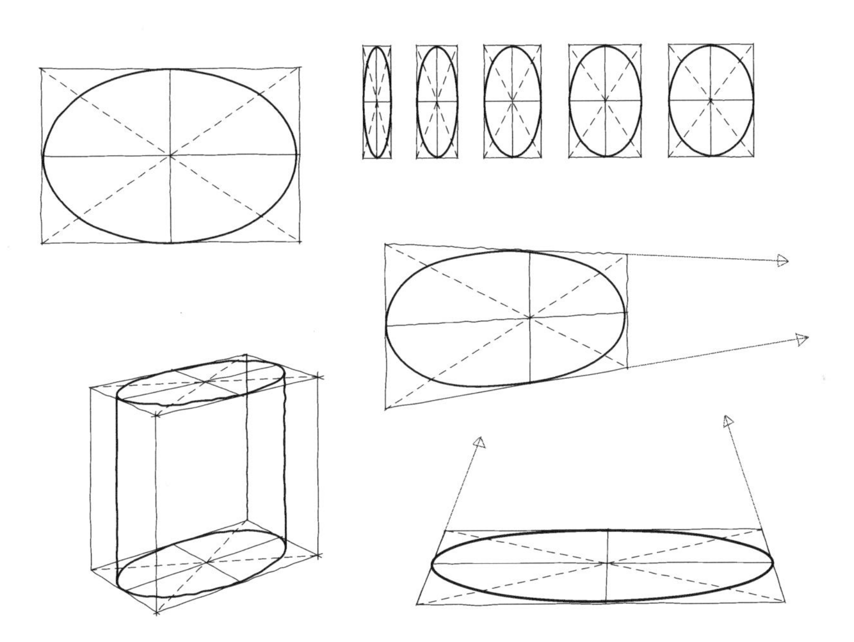

다양한 형태 그리기

지금까지 배운 방법을 활용하여 보다 다양한 형태 드로잉을 연습해 본다. 먼저 상자를 그리고 원형을 그리는 것이 정확한 타원을 그리는 방법이지만 많은 연습을 통해 손과 눈이 익숙해지면 곧바로 원형을 그릴 수 있다.

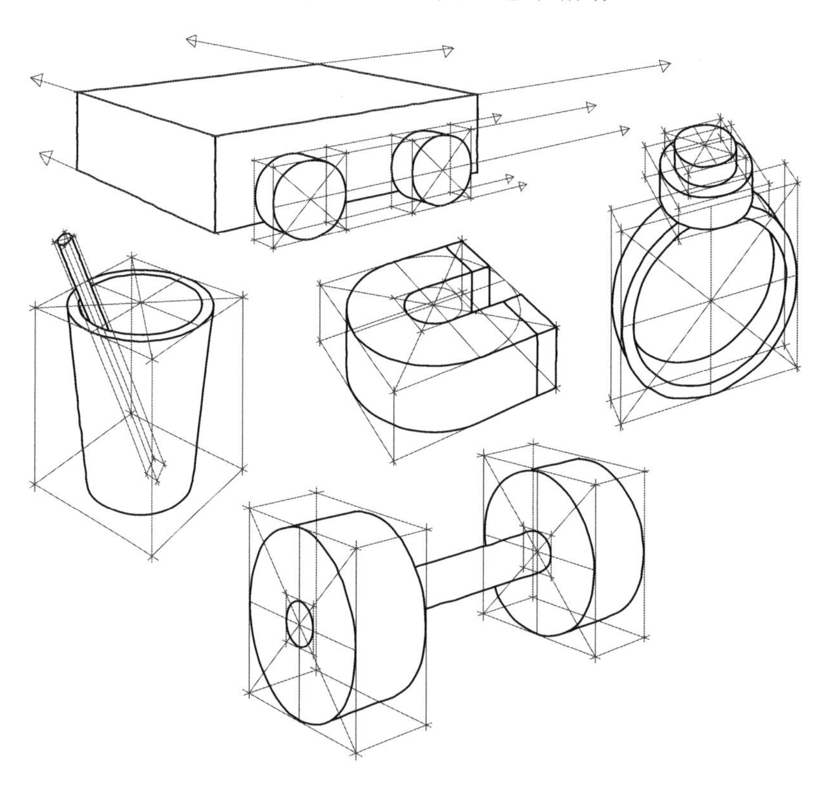

원형 드로잉의 예

Tube Chair
Joe Colombo, 1969-70

Guggenheim Museum
Frank Lloyd Wright, 1959
New York, USA

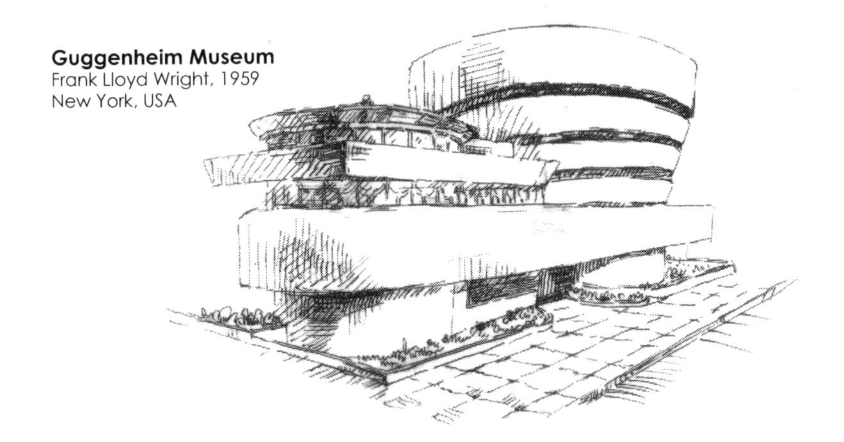

5. 형태에 옷입히기

직선원근법으로 형태를 그린 다음, 그 형태에 어떤 옷을 입히느냐에 따라 전혀 다른 느낌의 드로잉이 된다. 그림자, 명암, 질감의 표현으로 형태에 다양한 옷을 입힐 수 있다. 반드시 정확하고 사실적인 드로잉만이 정답은 아니므로 자신만의 개성을 살려 드로잉하는 것에 초점을 두도록 한다.

그림자Shadow

우리가 사물을 인식하고 볼 수 있는 것은 물체가 빛을 반사하기 때문이다. 이 빛의 원천인 광원Light Source, 즉 태양이나 조명은 비교적 쉽게 인식되지만 빛에 반드시 수반되는 그림자를 빛과 동등하게 인식하는 사람은 많지 않다. 빛이 비치면 나무, 구름 등의 자연물에서 가구, 건축물 등의 인공물에 이르기까지 지면이나 수면 위로 솟아오르는 것에는 항상 그림자가 생긴다. 따라서, 효과적인 커뮤니케이션을 위한 드로잉을 위해서는 사물을 인식하기 위해 필수조건인 빛과, 그 빛에 항상 수반되는 그림자를 연구해야 한다.

빛을 받는 면이 편평하거나, 둥글거나 경사지거나, 혹은 수직임에 따라 그림자의 모양은 달라지게 된다. 이러한 그림자의 표현은 그 자체가 목적이 아니라 목적을 위한 수단으로서 물체의 형태와 입체감을 더욱 명확하게 보여준다. 이러한 그림자의 표현은 디자이너 스스로 사물의 외관을 이해하는데 도움을 줄 뿐 아니라, 드로잉을 보다 효과적인 커뮤니케이션 도구로 활용하는데 큰 역할을 한다.

그림자를 표현하는 것이 쉽지 않은 것처럼 느껴지지만 간단한 원리를 이해하고 활용하면 쉽게 그릴 수 있다. 그림자를 그릴 때에는 광원에서 사물에 도달하는 빛, 즉 광선이 모두 평행이라고 가정한다. 또한 실제 공간에서는 주로 여러개의 광원이 동시에 존재하지만 드로잉에 그림자를 표현할 때에는 하나의 광원이 있다고 가정한다.

그림자의 드로잉 방법은 빛의 방향과 PP의 관계에 따라 분류되는데, 광선이 PP에 평행한 경우(A)와 광선이 PP와 평행하지 않은 경우(B)로 나뉜다. 광선이 PP와 평행한 경우는 드로잉 상에서 모든 광선을 평행하게 그리는 것이 특징이며 비교적 그리기 쉬운 것이 장점이다. 광선이 PP와 평행하지 않은 경우는 그림자를 그릴 때에도 사물을 그릴 때와 마찬가지로 직선원근법을 활용한다.

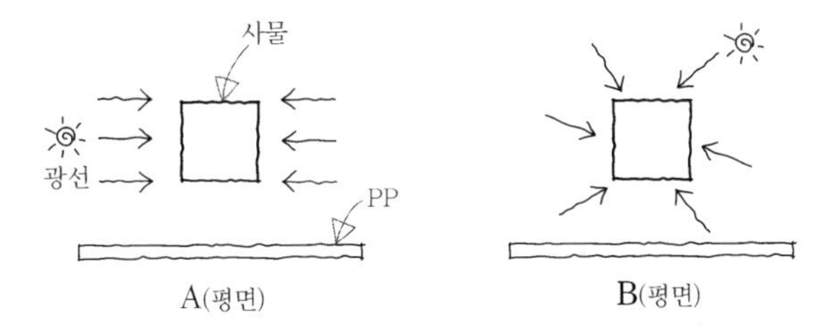

직선원근법을 이용하여 그림자 그리기

앞에서 언급했듯 광선이 PP와 평행하지 않는 경우, 사물을 그릴 때와 마찬가지로 그림자를 표현할 때도 직선원근법을 적용한다. 광원의 위치에 따라, 사물을 기준으로 광원이 사물의 뒤쪽에 있는 경우(A)와 사물의 앞쪽에 있는 경우(B)로 나누어서 표현한다.

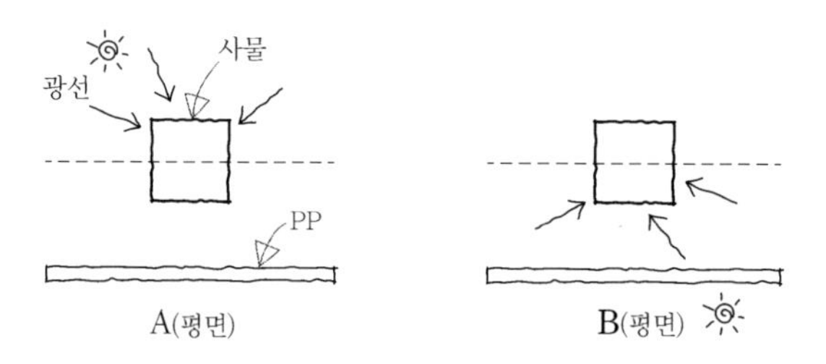

광원이 사물의 뒤쪽에 있는 경우

광원이 화면 안에 나타나며 그림자가 사물의 앞쪽에 생긴다.

1. 먼저 광원의 위치를 정한다.
2. 정한 광원에서 눈높이 선에 수선을 그리면 그 점이 그림자의 소실점이 된다.
3. 그림자의 소실점과 상자 바닥의 꼭지점을 연결하면 그 선이 그림자의 방향선이 된다.
4. 광원과 상자 위쪽의 꼭지점을 연결하는 선을 연장하여 그림자 방향선과 만나도록 한다.
5. 그림자 방향선과 빛의 각도를 나타내는 광원투시선이 교차하는 점을 연결하면 그림자의 윤곽이 나타난다.

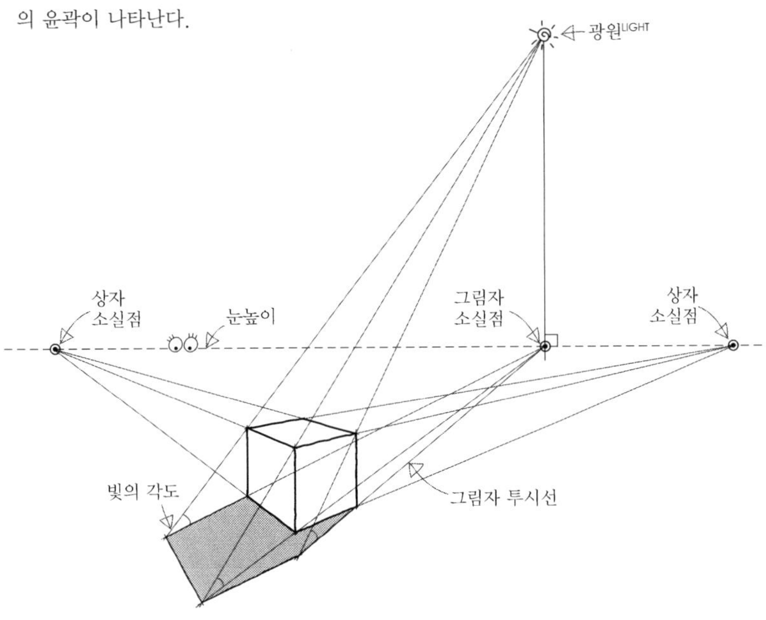

여러 상자의 그림자 그리기

한 화면에 광원이 하나라면 상자가 2개 이상 있다고 해도 상자 각각에 같은 방법으로 그림자를 그린다. 대규모의 열린 공간일 때 효과적인 표현 방법이다.

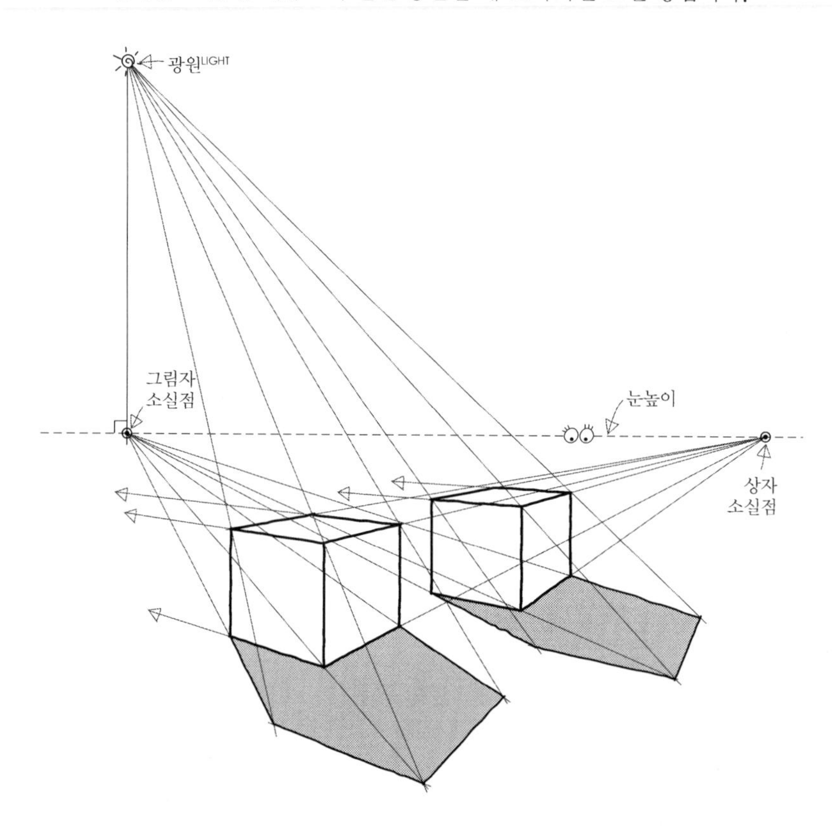

그림자에 영향을 미치는 요인

그림자 변화에 영향을 미치는 요인은 크게 광원과 사물을 바라보는 시선에 따라 결정된다. 광원이 사물을 중심으로 왼쪽 또는 오른쪽에 위치하는지에 따라(A) 그림자의 위치가 결정되며, 또한 같은 위치 상에서도 광원의 높이에 따라(B) 그림자의 길이가 달라진다. 광원의 위치가 고정되어 있을 경우, 사물을 바라보는 눈높이에 따라(C) 그림자가 변하기도 한다.

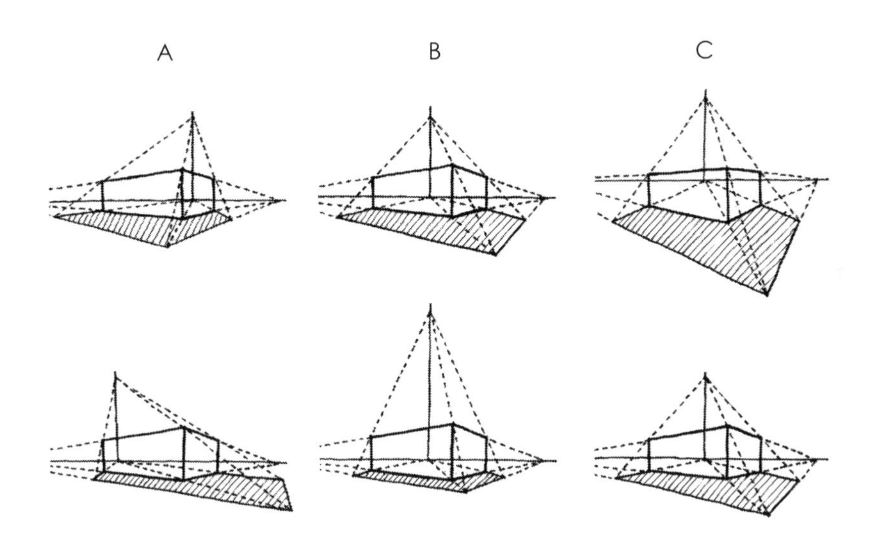

복잡한 형태의 그림자 그리기

실내에 햇살이 들어올 때 생기는 그림자를 그려본다. 광원과 그림자 소실점은 항상 같은 수직선상에 있다는 것에 주의한다. 그림자가 벽에 부딪히면 그림자를 접어 올린 것처럼 꺾어 그리면 되는데, 이때 광원에서 빛이 들어오는 모서리를 연결하는 광원 투시선을 그리고 그 투시선까지의 수선을 그리면 벽면에 그림자의 윤곽선이 완성된다.

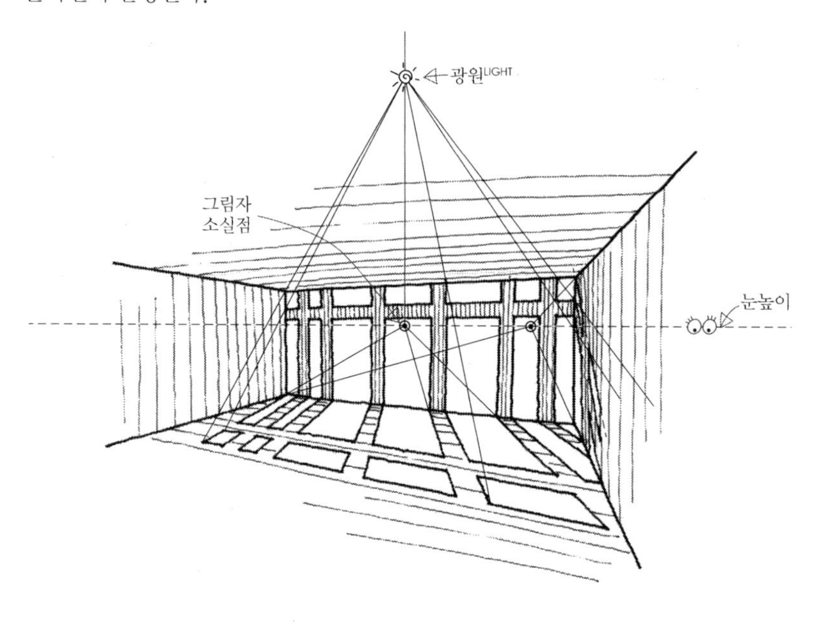

광원이 사물의 앞쪽에 있는 경우

화면 앞쪽에서 빛이 비치기 때문에 화면 내에 광원은 보이지 않으며 그림자는 사물의 뒤쪽에 생긴다.

1. 이번에는 광원의 위치를 정하는 대신 먼저 그림자를 그리고자 하는 방향에 그림자의 소실점을 정한다. 이 때 그림자의 소실점은 항상 눈높이 선에 있어야 한다.
2. 상자 바닥의 꼭지점과 그림자의 소실점을 연결하여 그림자의 방향을 나타낸다.
3. 그림자의 소실점에서 눈높이 아래 방향으로 수선을 그린다.
4. 앞에서 그린 수선 위에 빛의 소실점을 정한다. 이 때 빛의 각도에 주의한다.
5. 빛의 각도를 나타내는 선과 그림자 방향선이 교차하는 점을 연결하면 그림자의 윤곽이 나타난다.

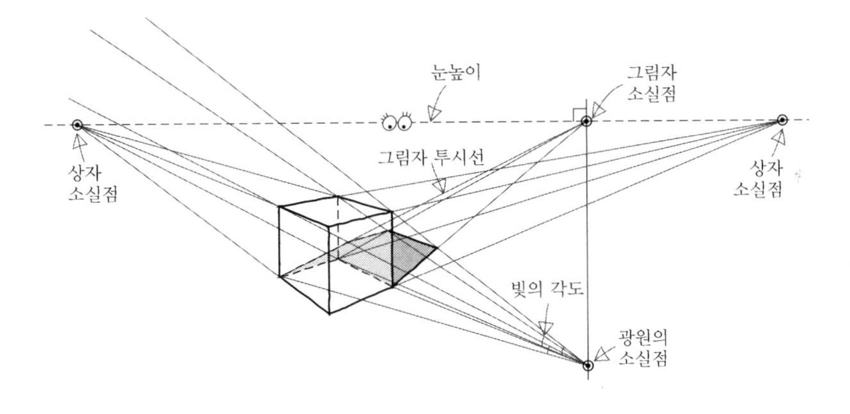

복잡한 형태의 그림자 그리기

그림자의 소실점과 상자의 소실점이 항상 눈높이에 있고, 광원의 소실점과 그림자의 소실점이 같은 수직선상에 있다는 것에 주의한다.

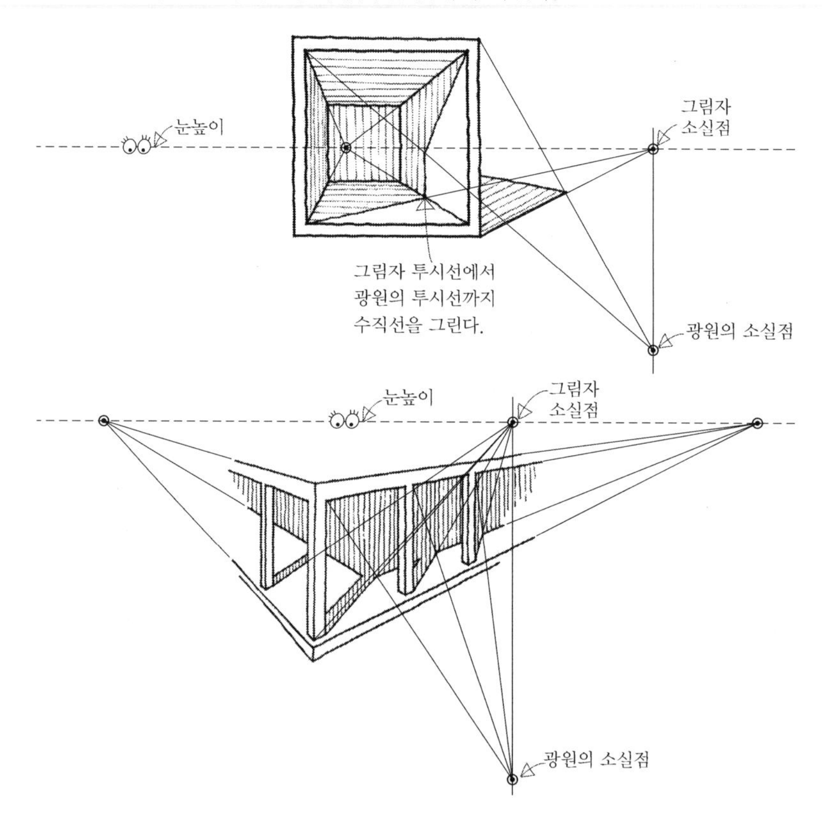

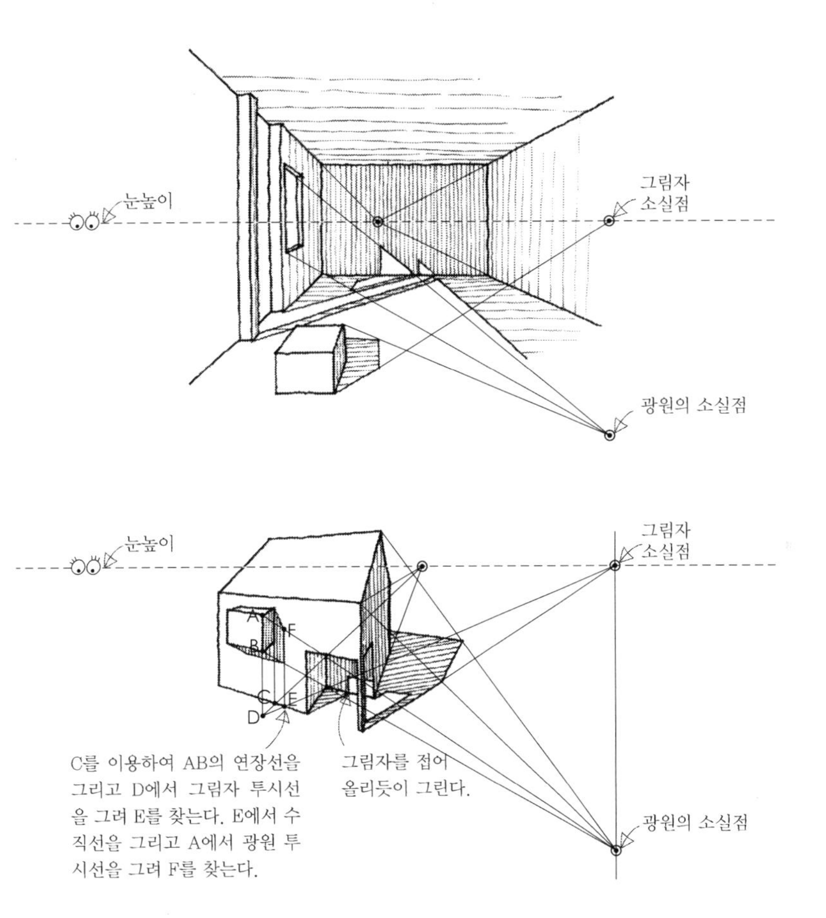
눈높이
그림자
소실점
광원의 소실점
눈높이
그림자
소실점
A
F
B
C
E
D
C를 이용하여 AB의 연장선을 그리고 D에서 그림자 투시선을 그려 E를 찾는다. E에서 수직선을 그리고 A에서 광원 투시선을 그려 F를 찾는다.
그림자를 접어 올리듯이 그린다.
광원의 소실점

직각삼각형을 이용하여 그림자 그리기

광원이 PP와 평행한 경우, 드로잉 상의 모든 광선을 평행하게 그리는 것이 특징이다. 이때 직각삼각형을 이용하여 그림자의 윤곽을 찾는데 물체의 모서리와 광선이 이루는 직각삼각형의 밑변이 그림자가 된다.

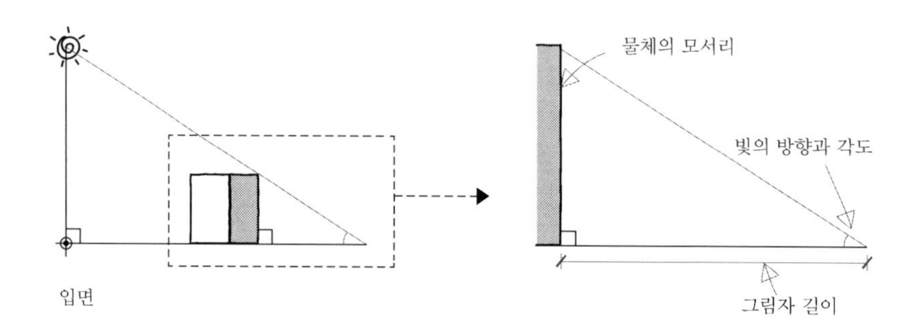

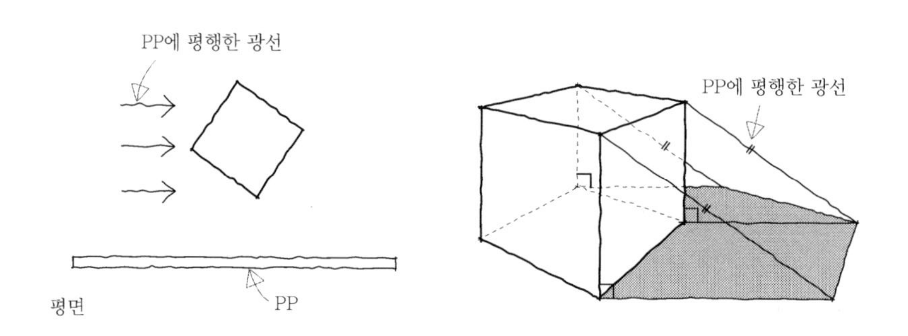

보통 인공 광원일 경우 광원이 물체 가까이에 있기 때문에 이러한 경우 직선원근법을 활용하여 그림자를 그리는 것이 정확하다. 하지만 태양은 실제로 지구와 워낙 멀리 떨어져 있기 때문에 모든 빛의 방향이 평행하고 그 각도가 동일하다고 가정하는데 큰 무리가 없다.

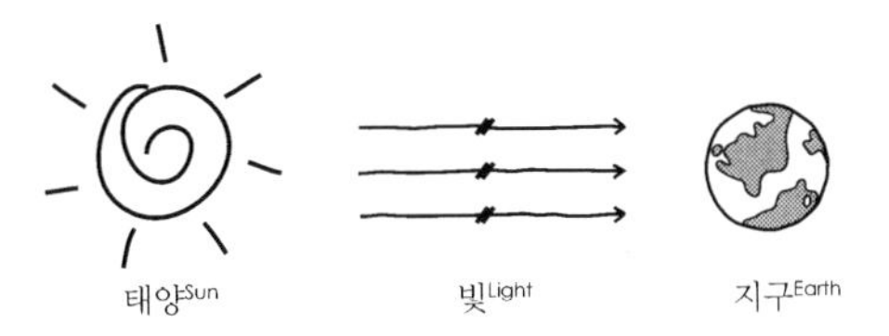

따라서 광선이 PP에 평행할 경우 뿐만 아니라 평행하지 않을 경우에도 광원의 소실점이 헤아릴수 없을 만큼 멀리 있다고 가정하고 보다 간편한 직각삼각형의 원리를 이용하여 그림자를 그릴 수 있다. 또한 드로잉은 정확한 제도가 목적이 아니기 때문에 신속하게 느낌을 살려 표현하는 것이 중요하므로 광원과 PP의 관계에 상관없이 직각삼각형의 원리를 활용하면 그림자를 보다 쉽게 그릴 수 있다.

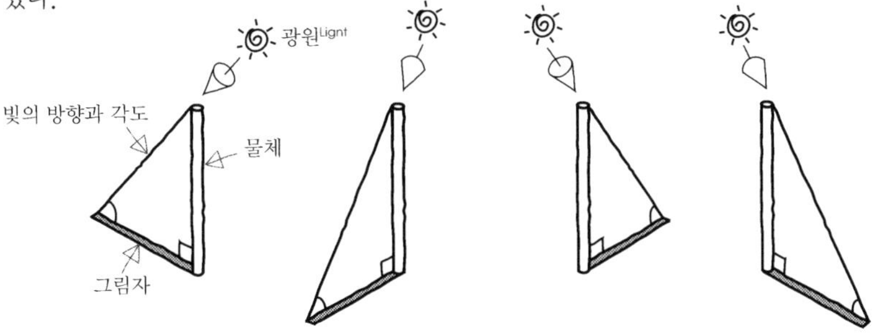

상자의 그림자 그리기

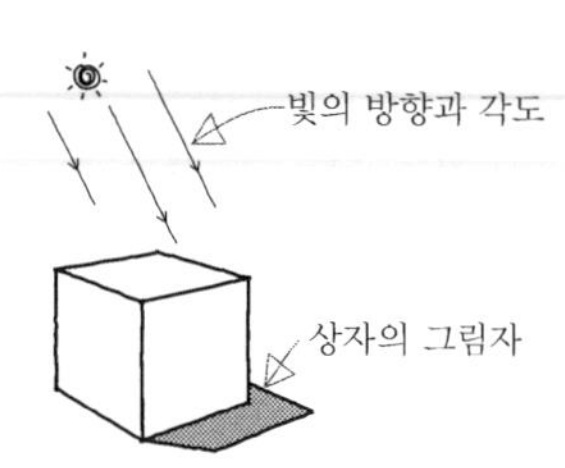

직각 삼각형의 원리를 이용하여 간단하게 상자의 그림자 그리는 연습을 해본다. 빛의 위치와 각도에 주의하며 그린다.

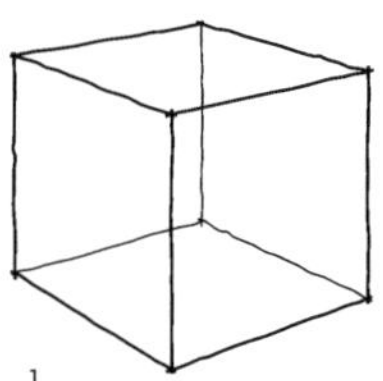

1.
상자가 투명한것으로 가정하고 보이지 않는 모서리까지 그려 넣는다.

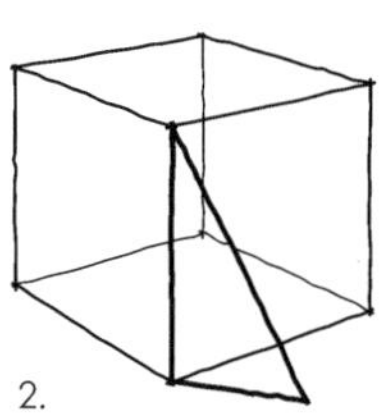

2.
광원의 위치와 빛의 각도를 정하여 상자의 모서리에 직각삼각형을 그려넣는다.

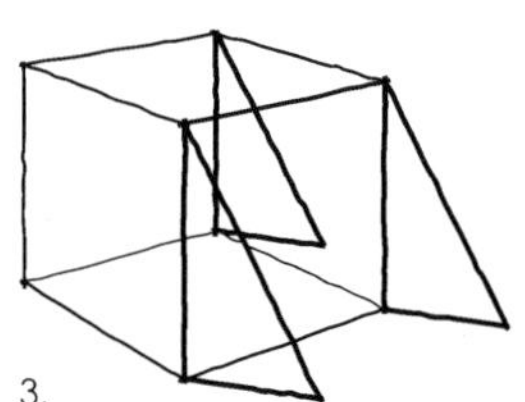

3.
광원의 반대쪽에 있는 나머지 모서리에도 같은 각도의 직각삼각형을 그린다.

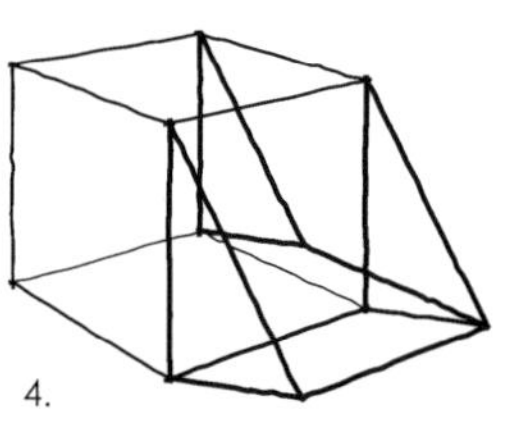

4.
삼각형 밑면의 꼭지점을 연결하면 그림자의 외각선이 형성된다.

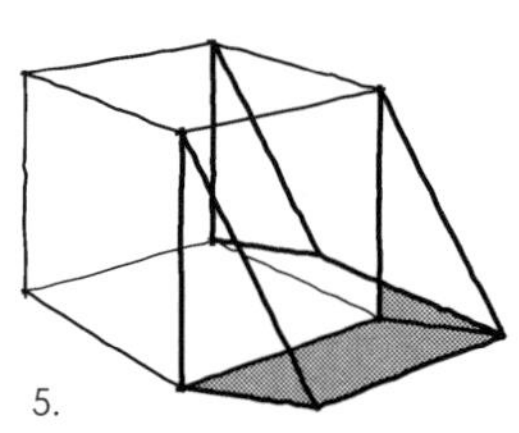

5.
그림자 부분을 어둡게 칠한다.

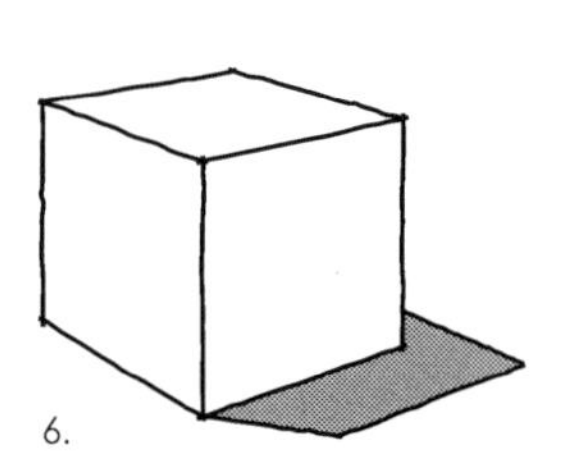

6.
그림자를 그리기 위해 사용했던 보조선을 지우면 그림자가 있는 상자가 완성된다.

앞에서와 익힌 방법으로 직각삼각형을 이용하여 광원의 위치와 빛의 각도를 다르게 하여 다양한 그림자를 그려본다.

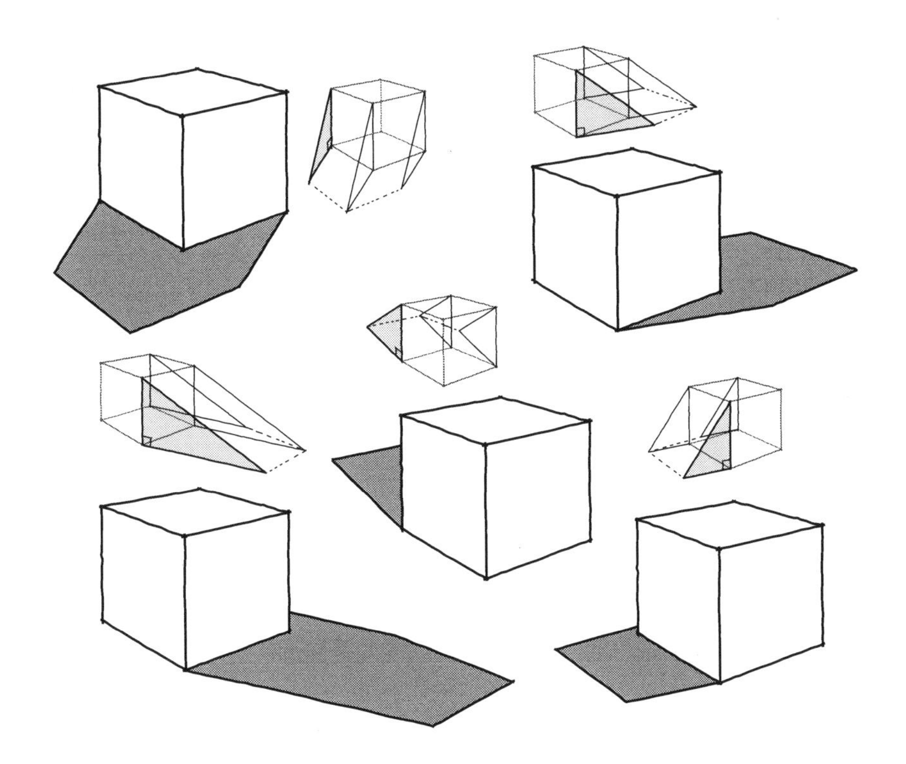

다양한 형태의 그림자

물체의 형태가 달라도 그림자를 그리는 원리를 이해하고 있다면 걱정할 필요가 없다. 상자의 그림자를 그릴 때와 마찬가지로 물체와 빛이 만드는 직각 삼각형의 밑변이 그림자가 된다.

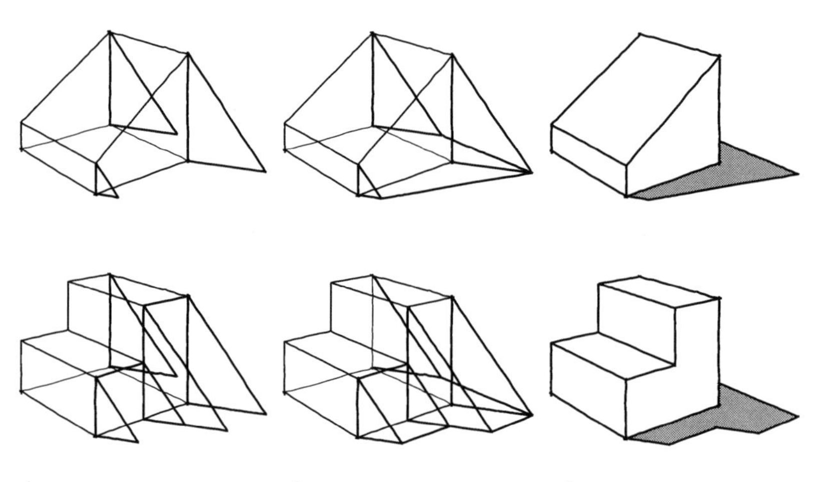

1.
물체가 투명한 것으로 가정하고 뒤쪽에 있는 모서리까지 그려 넣은 후 빛의 위치와 각도를 정하여 빛의 반대 방향에 있는 물체의 모든 모서리에 직각삼각형을 그린다.

2.
앞에서 그린 직각 삼각형 밑변의 꼭지점을 연결하여 그림자의 외각선을 그린다.

3.
그림자를 그리기 위해 사용했던 보조선을 지우고 그림자부분을 어둡게 칠하면 물체의 그림자가 완성된다.

탁자의 그림자 그리기

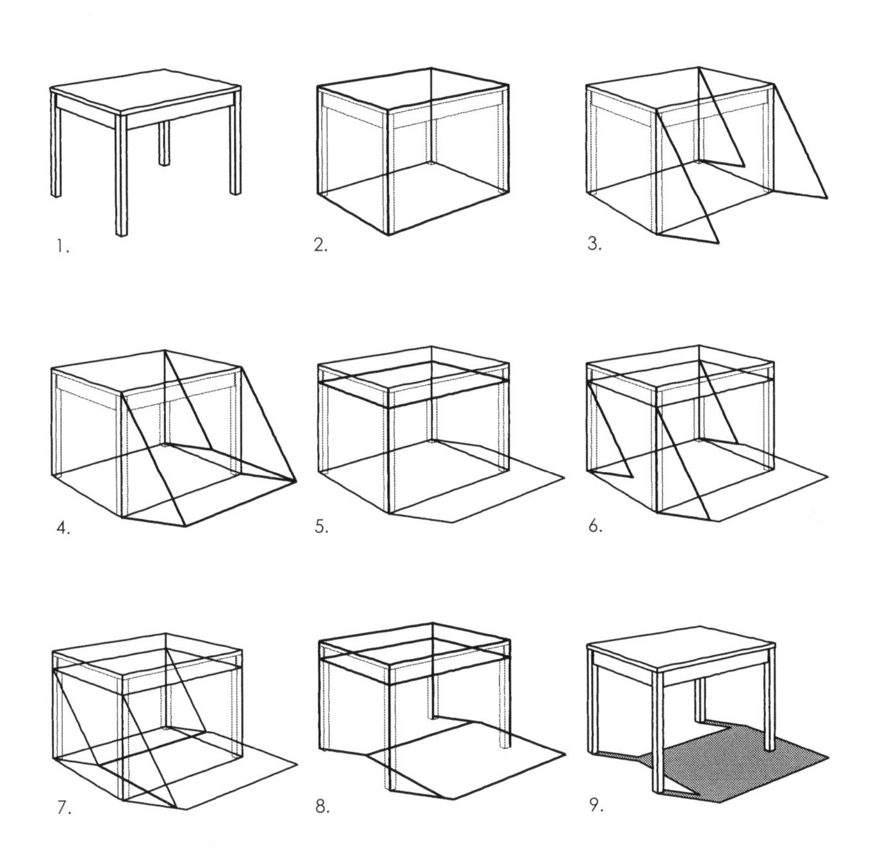

여러 물체의 그림자

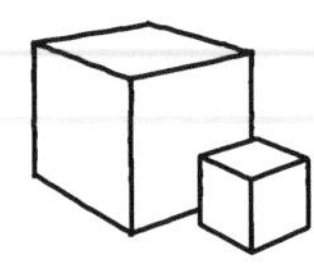

빛의 방향과 각도를 다양하게 하여 2개 이상의 물체가 함께 있는 경우의 그림자를 그려보자. 여기에서는 큰 상자와 작은 상자의 그림자 그리는 방법을 익힌다.

빛의 방향과 각도에 의해 큰 상자의 그림자가 작은 상자와 겹칠 때 그 겹치는 부분에 직각삼각형을 그린다. 이 때 삼각형의 밑변이 작은 상자에 의해 짧기 때문에 그림자의 길이가 짧아지는 것이다. 작은 상자 위에 떨어지는 그림자와 바닥에 떨어지는 그림자를 이으면 작은 상자의 옆면에 맺히는 그림자가 표현된다. 바닥에 생기는 그림자는 두 상자 그림자의 합집합과 같다.

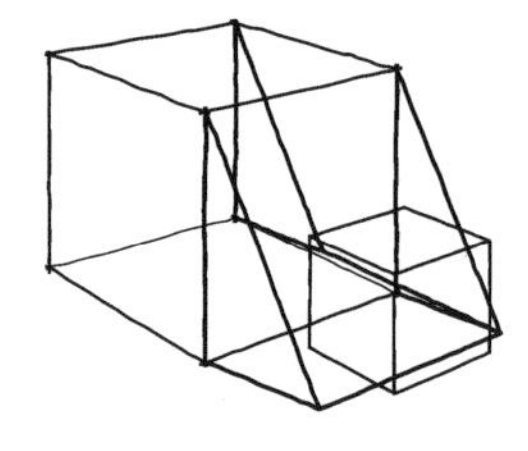

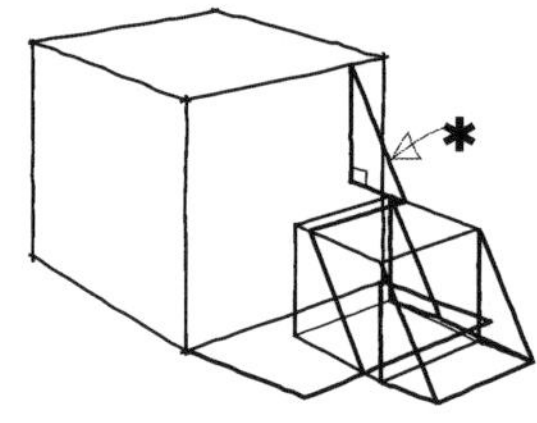

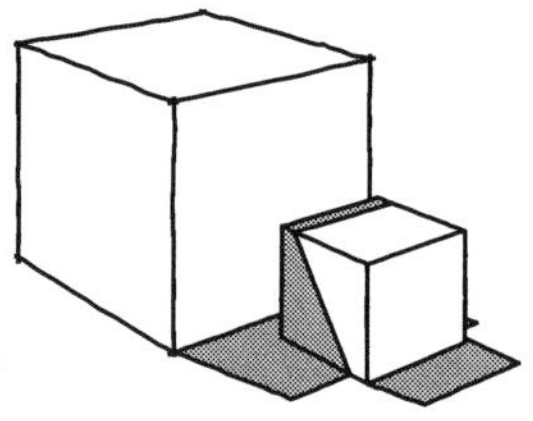

빛의 방향과 각도에 따라 큰 상자의 그림자가 작은 상자의 위에 떨어지지 않고 뒷면에 부딪히는 경우에도 앞에서와 마찬가지로 그 부분에 직각삼각형을 그려 보이지 않는 면의 그림자 윤곽선을 그린다. 작은 상자 뒷면에 떨어지는 그림자와 바닥면에 떨어지는 그림자를 이으면 작은 상자의 옆면에 맺히는 그림자가 나타난다.

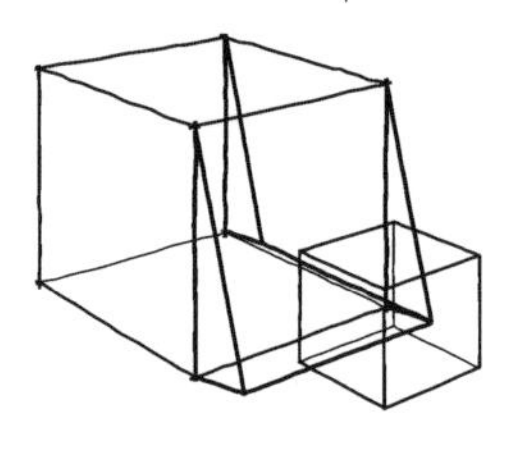

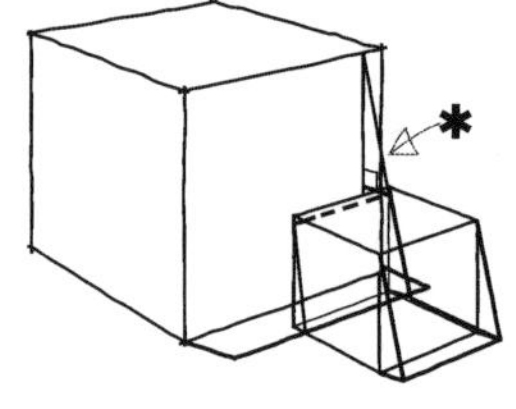

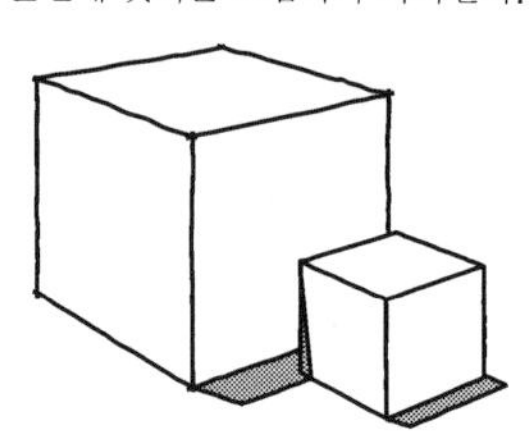

빛의 방향과 각도에 따라 작은 상자의 그림자가 큰 상자와 겹칠 때에는 작은 상자의 그림자와 큰 상자의 모서리가 만나는 지점에서 그림자를 접어 올린 것처럼 꺽는다. 이 때 큰 상자의 모서리에서 작은 상자의 그림자 삼각형의 빗변까지 수선을 그리고 이어주면 큰 상자의 옆면에 떨어지는 그림자의 윤곽선이 완성된다.

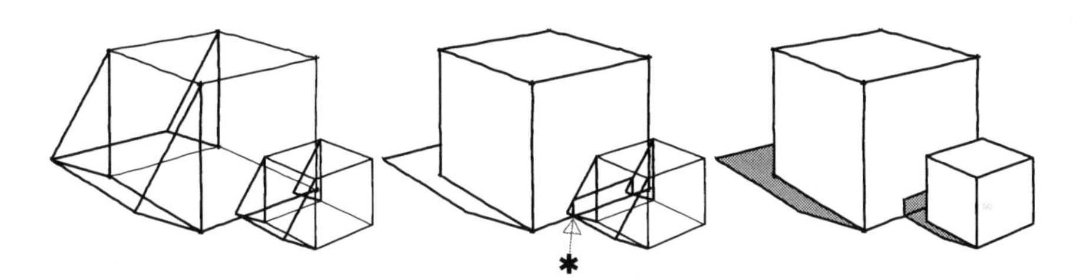

지면에 구멍이 난 것처럼 편평하지 않을 경우에는 그림자의 길이가 더 길어진다. 구멍이 난 부분에서 그림자의 삼각형을 구멍의 바닥 까지 연장하여 그리면 삼각형 밑변의 길이가 길어지기 때문이다.

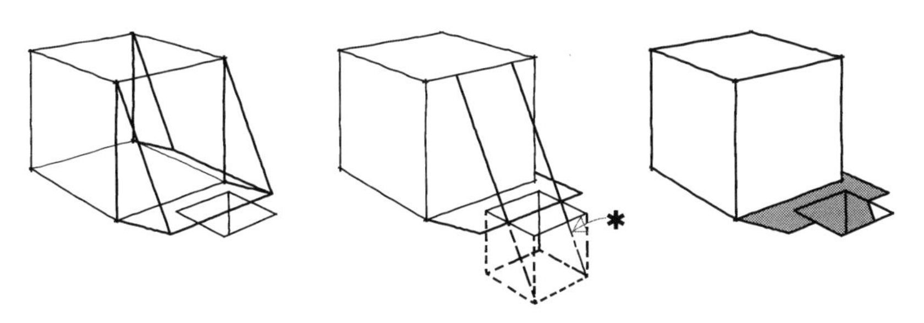

계단의 그림자 그리기

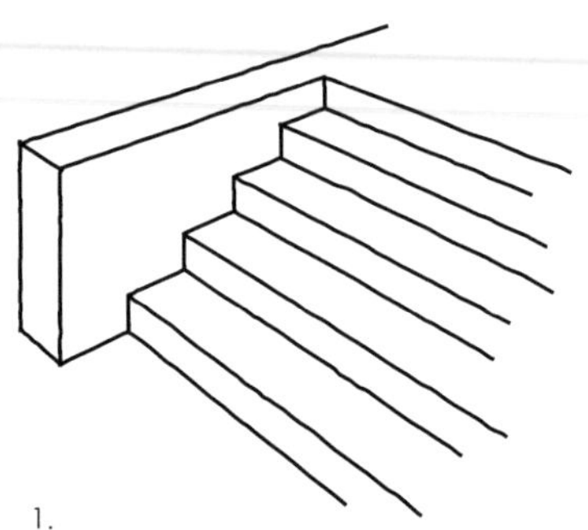

1.
앞에서 익힌 방법대로 2점 투시와 분할과 경사를 이용하여 계단을 그린다.

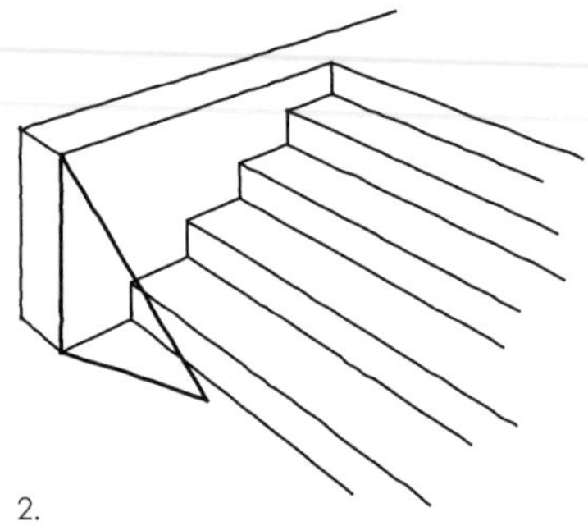

2.
빛의 방향과 각도를 정하여 직각 삼각형을 그린다.

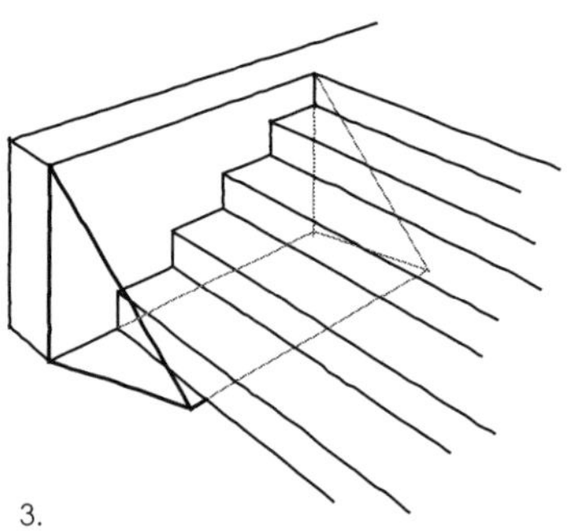

3.
복잡한 형태의 그림자를 그릴 때에는 형태를 가장 단순하게 해석하면 쉽게 그릴 수 있다. 계단 옆의 벽을 기다란 상자로 가정하여 모서리마다 삼각형을 그린다.

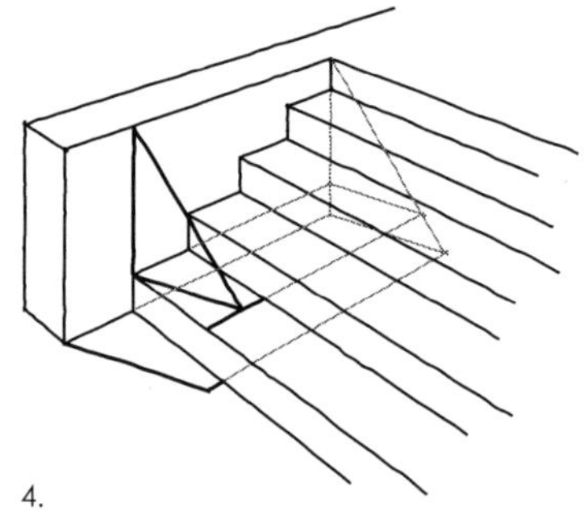

4.
계단 위에 떨어지는 그림자를 그릴 때에는 바닥면이 올라온 것으로 가정하여 삼각형을 그려 그림자 윤곽선을 그린다.

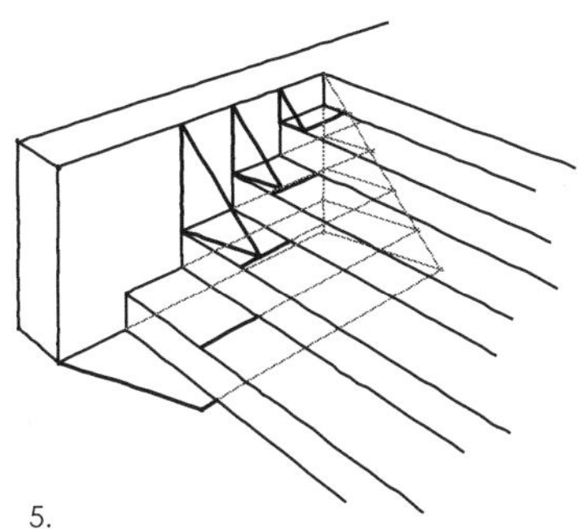

5.
앞에서와 같은 방법으로 나머지 계단에 떨어지는 그림자의 윤곽선을 그린다.

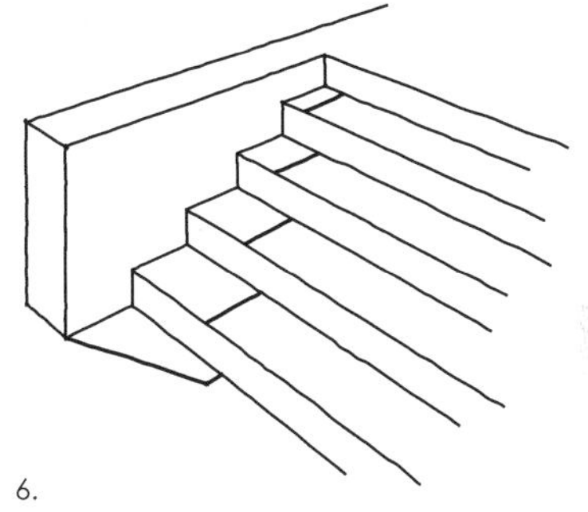

6.
그림자를 그리기 위해 사용했던 보조선을 지우면 각 계단 위에 나타나는 그림자의 윤곽선이 보인다.

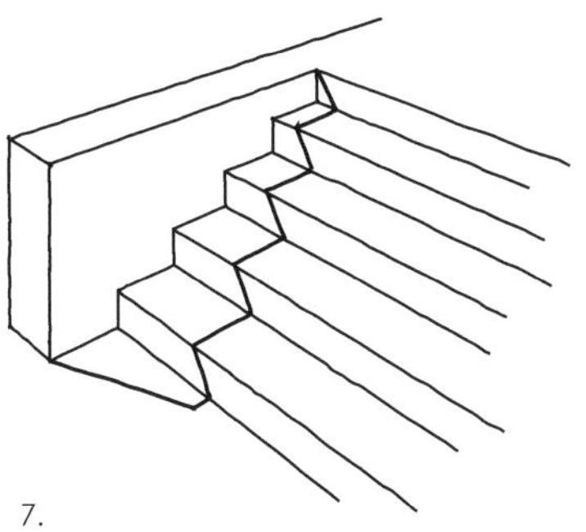

7.
각 계단 위에 떨어지는 그림자의 윤곽선을 이으면 계단 옆면에 나타나는 그림자가 보인다.

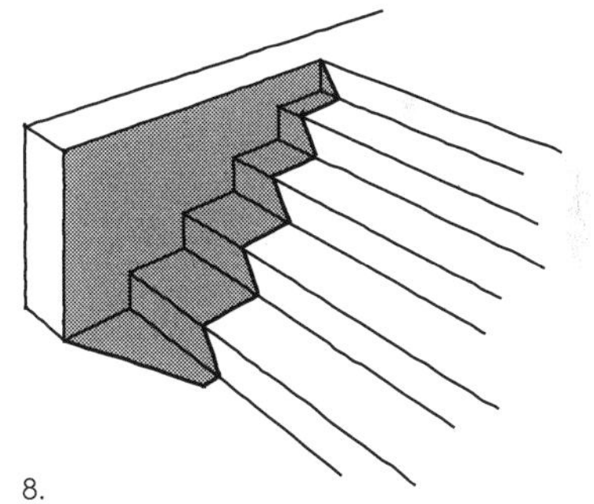

8.
그림자 부분을 어둡게 칠하면 계단의 그림자가 완성된다.

곡면의 그림자

곡면의 그림자를 그릴때도 마찬가지로 직각 삼각형의 원리를 활용하면 간단하다. 곡면을 따라가면서 삼각형을 그려나가면 그림자의 윤곽선이 나타난다. 특히 곡면의 그림자를 표현하면 입체감을 더욱 효과적으로 나타낼 수 있다.

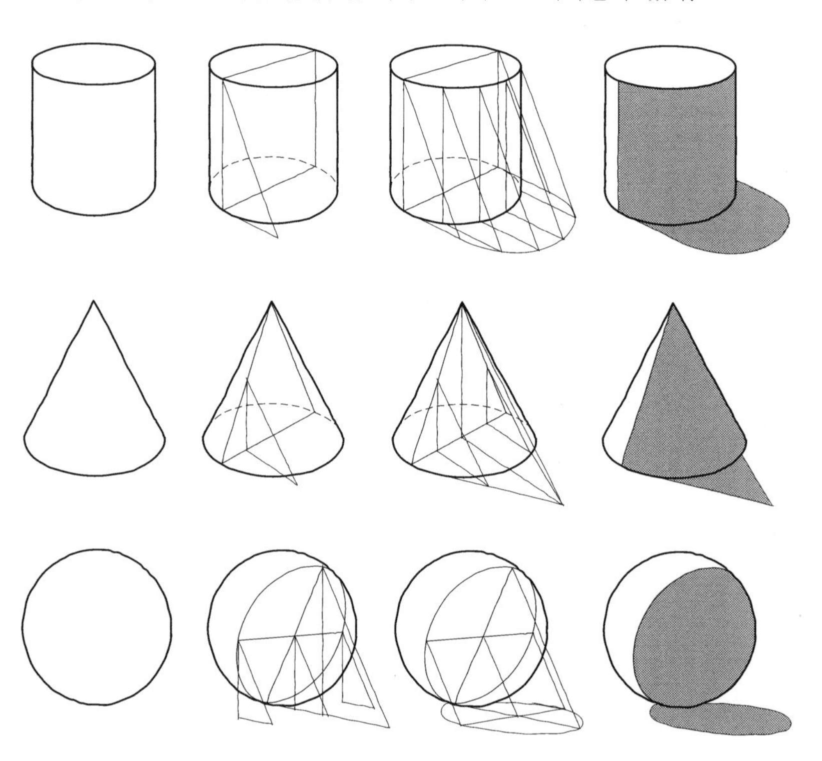

주어진 광원의 방향과 각도에 유의하여 각 형태의 그림자를 그려 본다. 각 물체에 따라 그 그림자의 형태는 다르지만 각각의 그림자를 그리는 원리는 동일하다. 직각삼각형을 활용하여 다양한 곡면 형태의 그림자 그리는 연습해 본다.

복잡한 형태의 그림자

물체의 형태가 복잡하더라도 그림자를 그리는 원리를 이해하고 있다면 걱정할 필요가 없다. 상자의 그림자를 그릴 때와 마찬가지로 물체와 빛이 만드는 직각 삼각형의 밑변이 그림자가 되는 원리를 이용하여 앞에서 그린 형태에 그림자를 표현해 본다.

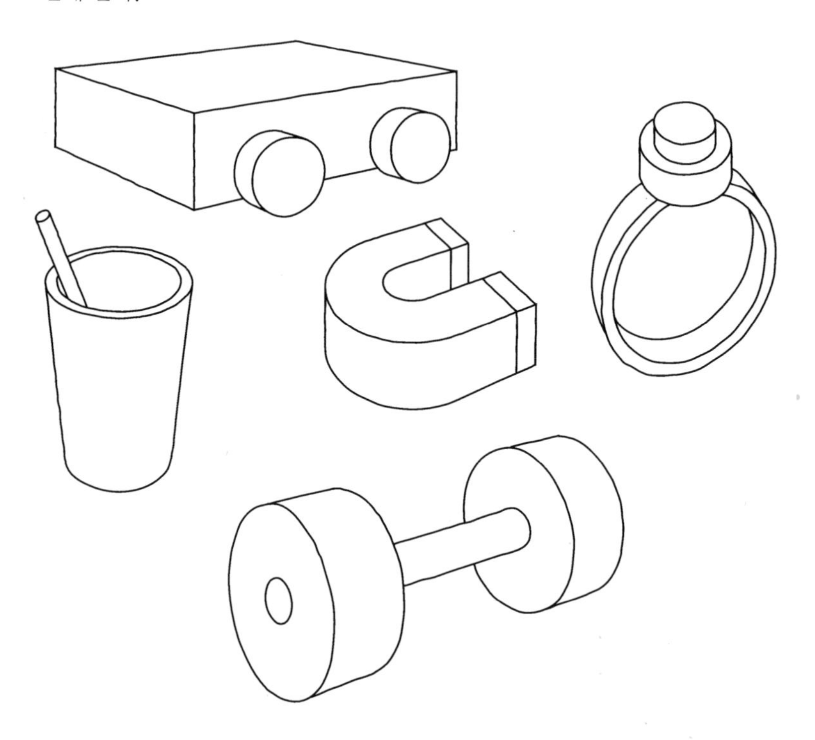

그림자 표현의 예

Nelson Marshmallow Sofa
George Nelson, 1956

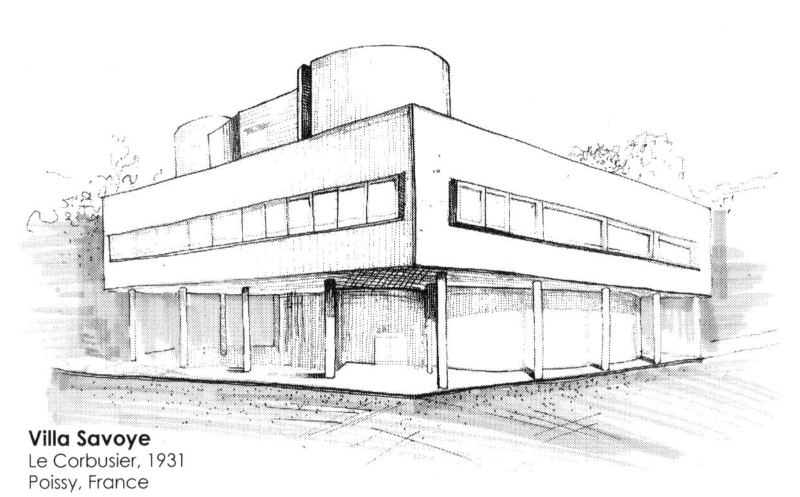

Villa Savoye
Le Corbusier, 1931
Poissy, France

건축도면에서의 그림자 표현

그림자는 표면이 편평하거나, 둥글거나, 경사지거나, 수직이건 간에 물체의 형태와 입체감을 표현함으로써 도면을 보다 쉽게 이해할 수 있도록 하기 위해 건축제도 드로잉에 사용된다. 따라서 건축제도에 표현하는 그림자는 어느 특정한 시기에 특정 장소에서 햇빛의 실제 조건을 묘사하는데 있지 않고, 형태와 공간의 깊이를 표현하여 도면을 보다 쉽게 읽을 수 있도록 하는데 목적이 있다.

건축도면에서의 광원의 위치와 각도

건축 도면에서 그림자를 표현할 때, 일반적으로 광원은 사물의 앞 왼쪽 상단에 위치하며 광선의 각은 45°를 유지한다고 가정한다.

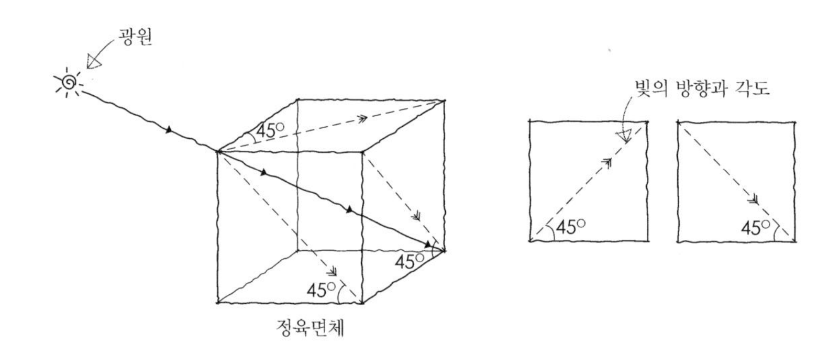

사물과 벽면의 관계에 따른 입면 그림자

사물의 선이 그림자가 지는 면과 평행할 때, 그림자는 그림자를 만드는 선에 평행하다. 같은 형태의 입면 드로잉이라도 그림자의 형태에 따라 사물의 형태와 공간감을 알 수 있다.

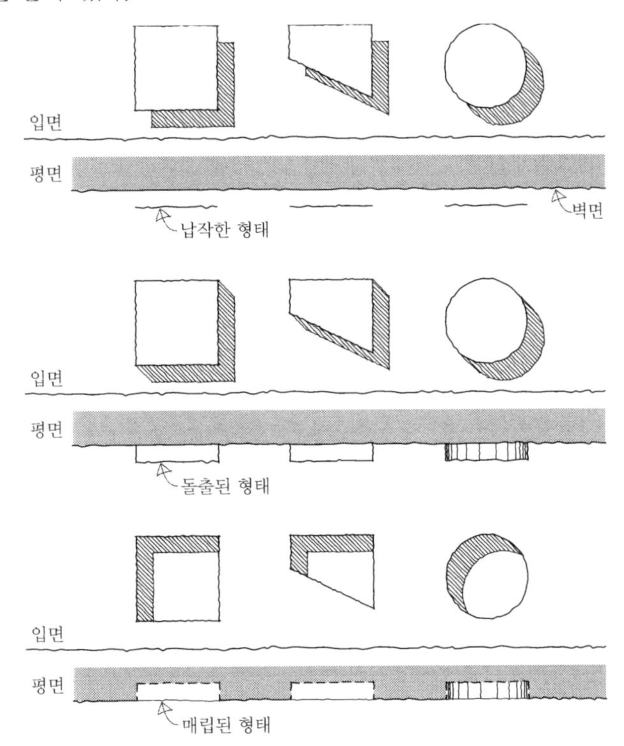

사물과 벽면의 거리에 따른 그림자

도면에 그림자를 표현하면 사물과 벽면이 어느 정도 떨어져 있는지 쉽게 파악할 수 있다.

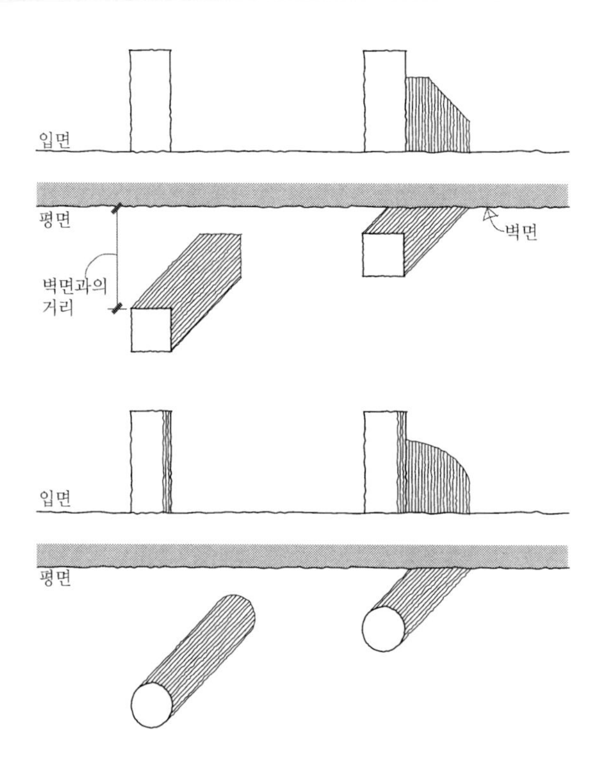

평면에 따른 직선과 곡면의 그림자

도면에 나타난 그림자로 벽면의 기울이 정도와 곡면의 상태를 쉽게 파악할 수 있다.

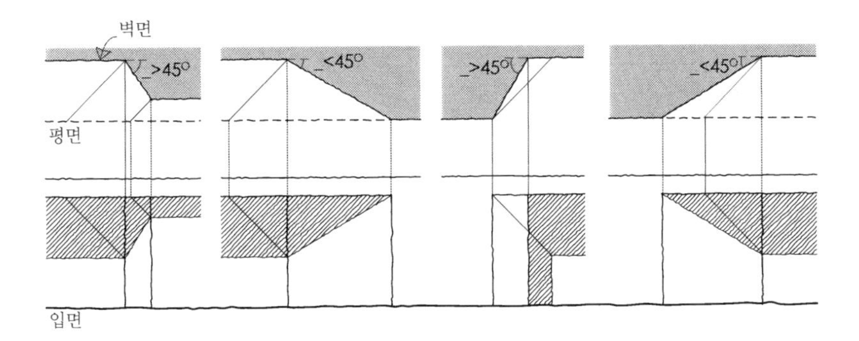

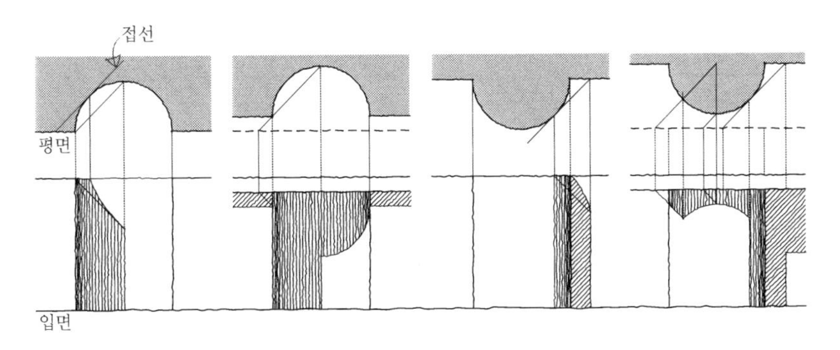

수직 벽체의 그림자 표현

입면 드로잉에서 다양한 형태의 벽면을 그림자 표현을 통해 더욱 명확하게 알 수 있다.

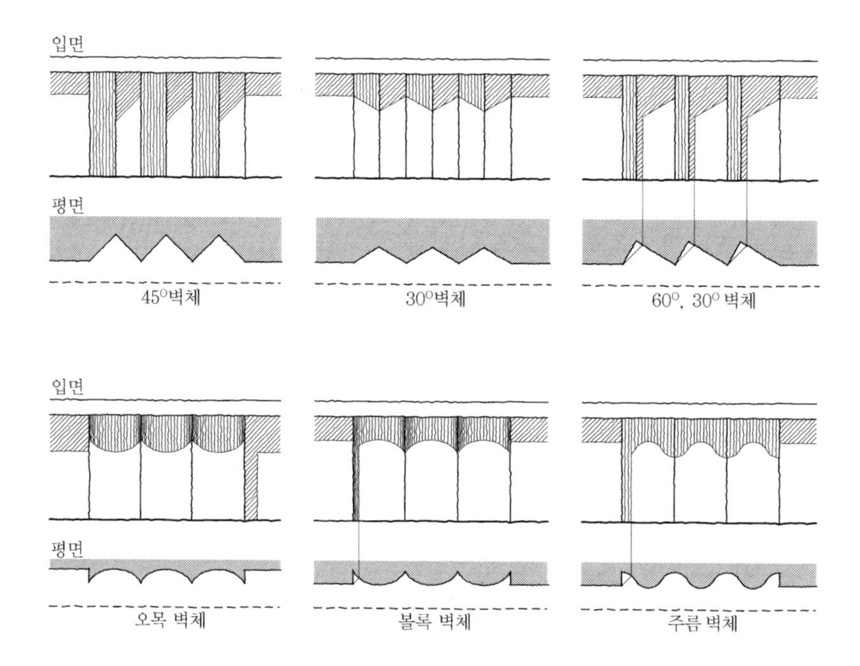

평면도에서의 그림자 표현

평면도에서 그림자는 표현되는 공간의 깊이를 인식하는데 도움을 주기 위해 표현한다. 앞에서 언급했듯 평면도에서의 그림자는 어느 특정한 시기에 특정 장소에서 광원의 실제 조건을 묘사하려는 것이 아니라 바닥면이나 지면 위에 있는 사물, 또는 구조물의 높이를 가리키는 것 뿐이다.

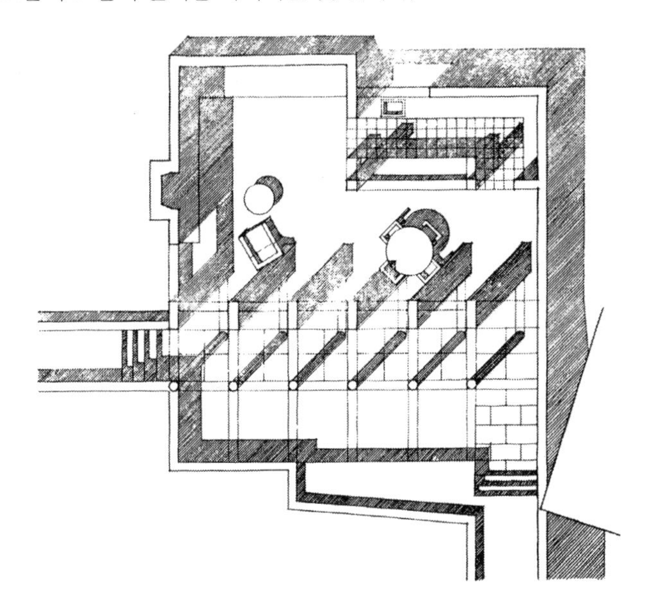

입면도, 단면도에서의 그림자 표현

입면도와 단면도에서는 기둥이나 벽, 그리고 지붕 등에 의해서 그림자가 생기며 공간 내에 돌출된 부분에 의해 꺾여지기도 한다. 입면이나 단면에서 생긴 그림자의 길이는 그림자를 받는 면의 표면에서부터 어느 정도 떨어져 있는지 깊이감을 나타낸다.

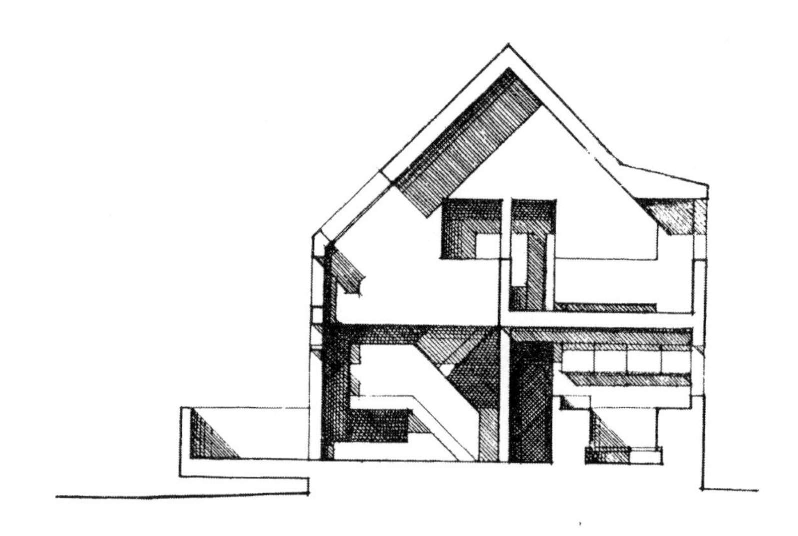

배치도에서의 그림자 표현

배치도에서 그림자는 지표면 위에 있는 매스Mass의 높이와 지형의 주요한 변화를 나타내기 위해 표현한다. 또한 그림자는 건축물 형태를 강조하기 위한 명도상의 대비를 주기 위해서 사용되기도 한다.

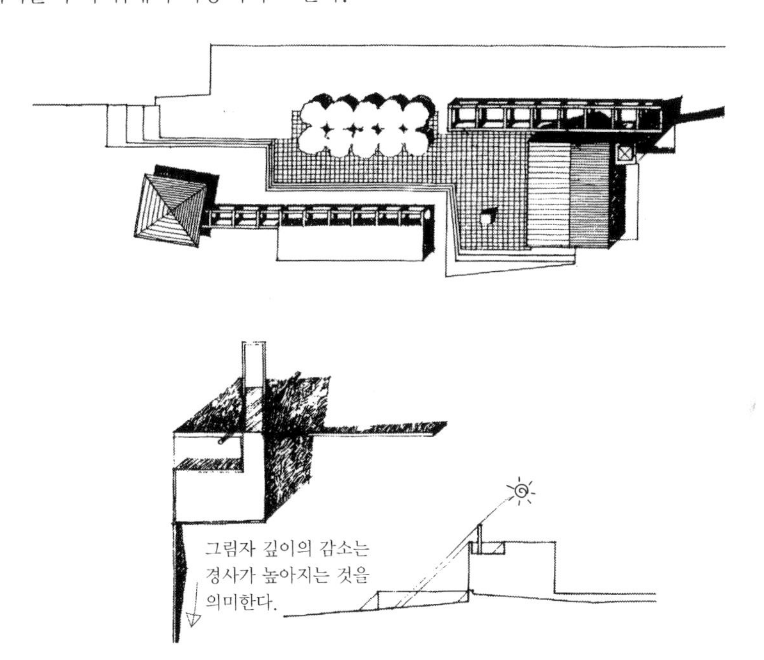

명암Shade / 질감Texture

앞에서도 언급했듯 물체가 빛을 반사하기 때문에 우리가 사물을 볼 수 있는 것이다. 그러나 빛이 모든 면에서 일정하게 반사되는 것은 아니다. 그 빛이 반사되는 정도에 따라 밝고 어두움이 결정된다. 이 밝고 어두움의 정도를 명암Shade이라고 한다.

명암의 단계

우리가 실생활에서 볼 수 있는 밝고 어두움의 정도 즉 명암의 단계는 매우 다양하고 복잡하다. 그러나 우리가 이 책에서 하고자 하는 드로잉은 사실적인 묘사가 아닌 신속하고 정확하게 느낌과 개성을 살려 아이디어를 전달하려는 것이 목적이므로 명암의 단계를 단순화하는 것이 좋다. 지금까지 상자 그리는 것을 기본으로 하였으므로 밝고 어두움의 정도를 4단계로 나누도록 한다.

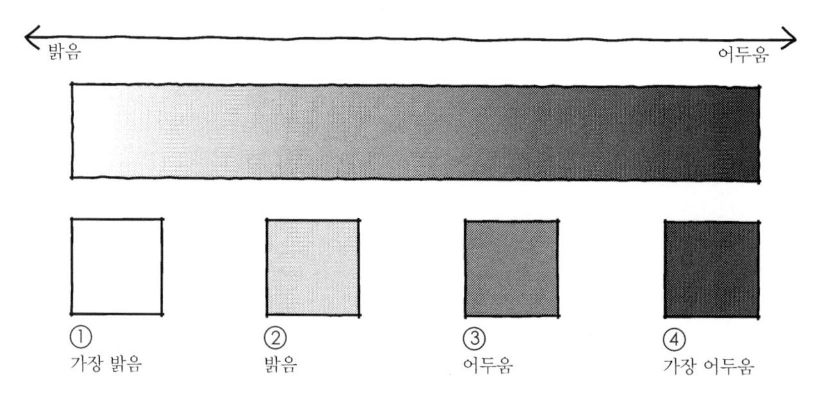

명암은 광원의 세기, 광원과 사물 사이의 거리, 또 광원의 방향과 밀접한 관계가 있다. 명암을 표현하는 원리는 간단하다. 광원의 세기가 셀수록, 광원과 사물과의 거리가 가까울수록, 광원의 방향 쪽에 있을수록 밝다. 반대로 광원 세기가 약할수록, 광원과 사물과의 거리가 멀수록, 또 광원의 방향과 반대 쪽에 있을수록 어둡다.

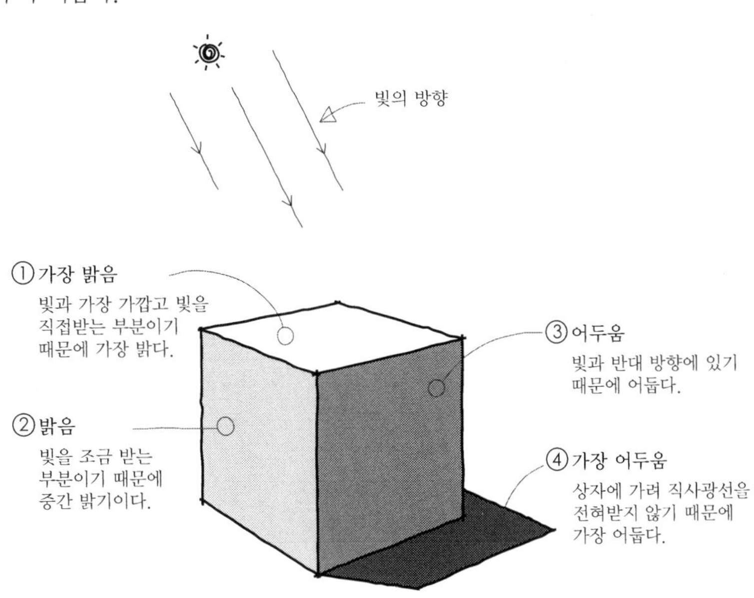

질감의 표현

명암을 나타내는 방법은 다양하다. 방향성을 가진 규칙적인 선이나, 불규칙한 점, 방향성이 없는 자유로운 곡선 등을 반복하거나 그 밀도를 다르게 하면 다양한 느낌을 표현하는 것이 가능하다. 이러한 방법을 통해 사물의 명암을 나타낼 뿐 아니라 사물의 질감Texture을 드러내어 드로잉을 더욱 풍부하게 한다.

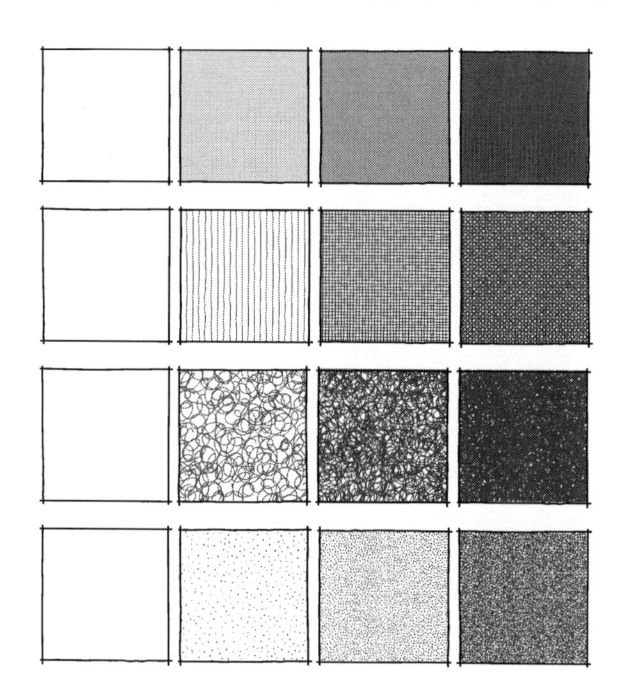

일반적 재료의 표현

아래 제시된 예시는 건축 드로잉에서 일반적으로 사용되는 재료의 표현이다. 이외에도 더욱 다양한 재료를 각각 적절하게 표현할 수 있다. 아래의 예시를 참고하여 각자의 아이디어를 표현하는 데 있어 더욱 정확하고 신속하게 그리는 동시에 드로잉을 더욱 풍부하게 할 수 있도록 연습해 본다.

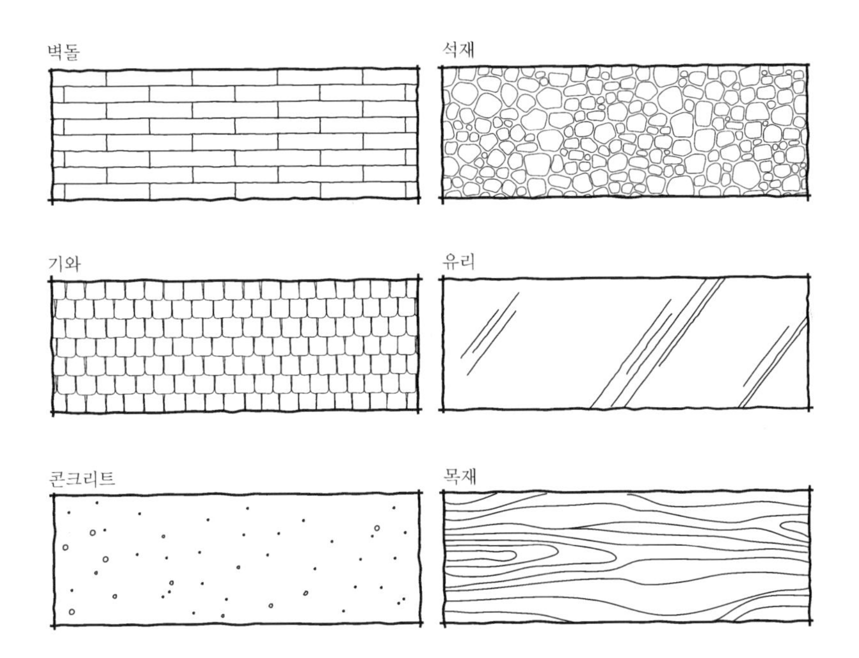

곡면의 명암

명암은 밝고 어두움을 뜻한다. 빛의 방향과 사물의 형태, 사물의 색에 따라 명암이 다르게 나타나는데 드로잉에서 그 명암을 표현하면 사물의 형태를 더욱 정확하게 전달할 수 있다. 특히, 제시된 구, 원뿔, 원기둥처럼 곡면을 표현하고자 할 때에는 사물의 윤곽선 만으로는 정확히 나타내기가 어렵다. 곡면에서는 그 명암 단계의 경계가 명확하지 않고 점진적으로 나타나기 때문에 명암으로 입체감을 더해 더욱 정확한 형태 표현이 가능하다. 아래 제시된 예는 같은 형태를 여러 가지 다양한 방법으로 명암을 보여준 것이다.

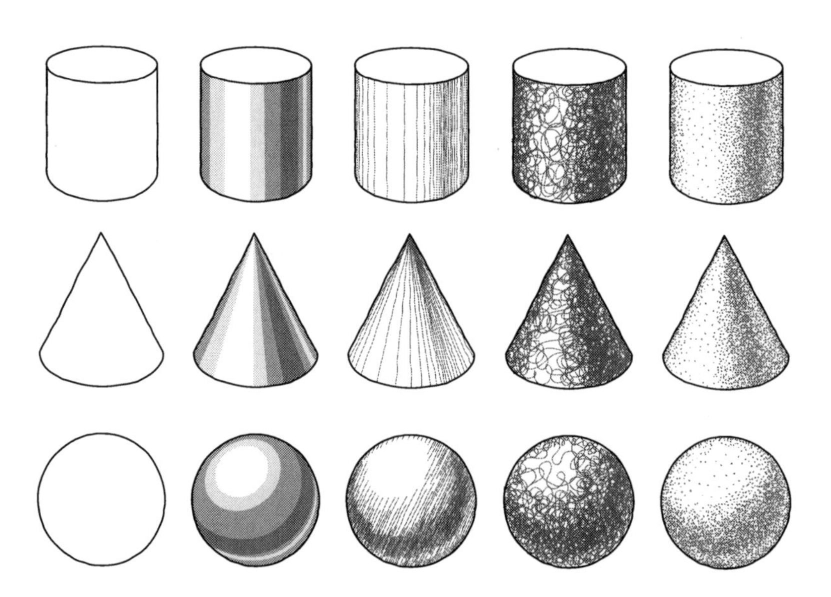

반사광 Reflected Light

사물은 광원 자체에서 나오는 직사 광선만으로 인식되지는 않는다. 직사광선 뿐 아니라 다른 물체에 부딪혀 반사되어 나오는 빛으로 사물은 더욱 입체감있게 인식된다. 이 때 다른 물체에 부딪혀 반사되는 빛을 반사광이라고 하며 반사광은 원기둥, 원뿔, 구와 같은 곡면에서 가장 뚜렷히 나타난다. 반사광은 직사광선이 닿지 않는 부분에서 확인되고 가장 어두운 부분 가까이에 주로 표현된다.

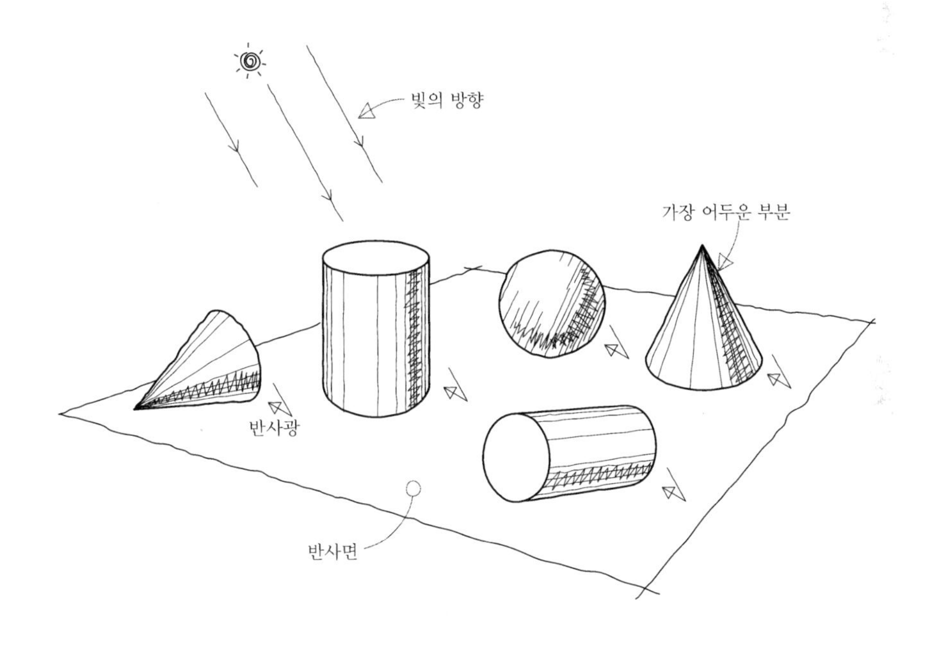

다양한 형태의 명암과 질감

앞에서 익힌 것을 기초로 하여 주어진 형태에 빛의 방향을 고려하여 그림자를 그리고 단계적인 명암과 자유로운 질감을 표현해 보자. 특히 곡면의 표현과 반사광에 유의해서 책의 여백이나 비치는 종이 등을 활용하여 연습해 본다.

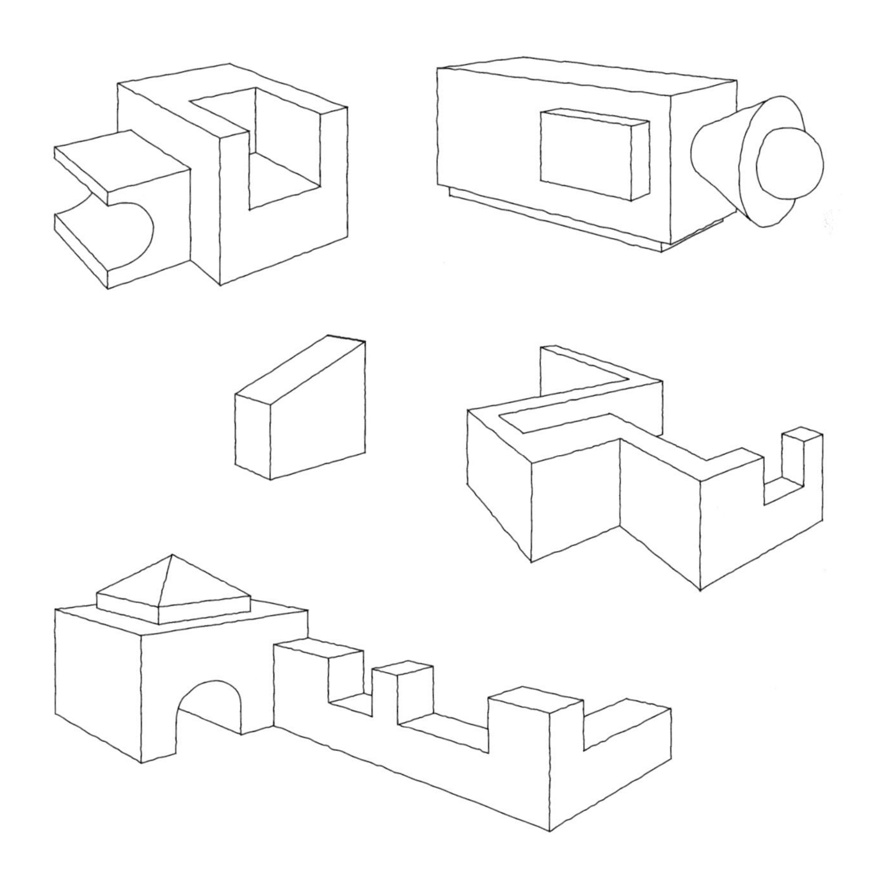

의자 그리기

다양한 의자 드로잉 예시이다. 지금까지 배운 그림자와 질감 표현에 유의해 보고 따라 그려본다. 어렵다면 처음엔 트레이싱 종이를 활용하여 연습하는 것도 좋다. 많은 연습을 통해 자신감이 쌓이면 다른 의자나 작품들을 각자의 느낌과 개성을 살려 그려보고, 더 나아가 본인만의 멋진 디자인을 해 보도록 한다.

Ear Chair
Jurgen Bey, 2002

Barcelona Chair
Ludwig Mies van der Rohe, 1929

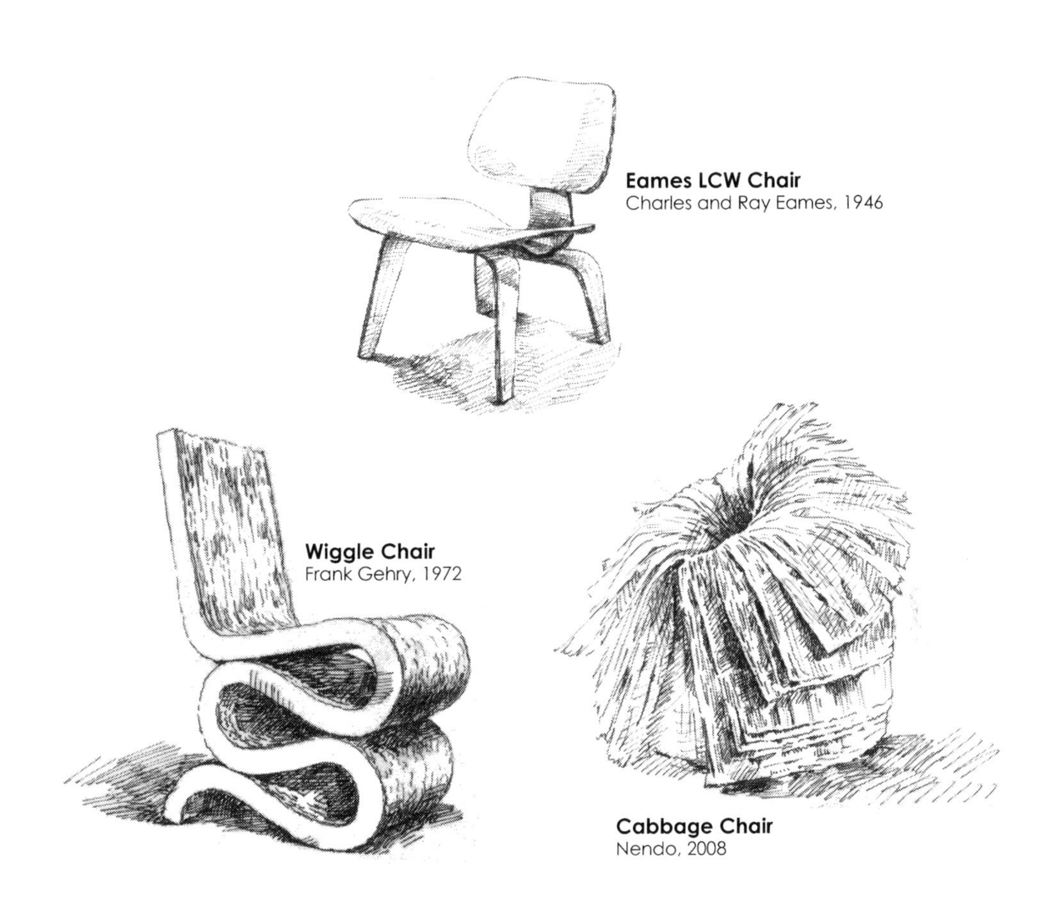
Eames LCW Chair
Charles and Ray Eames, 1946
Wiggle Chair
Frank Gehry, 1972
Cabbage Chair
Nendo, 2008

명암과 원근감

명암으로 빛의 방향과 각도, 세기, 사물의 형태를 표현할 수 있을 뿐 아니라 물체의 원근감을 표현할 수 있다. 모든 물체가 빛을 반사하기 때문에 모든 물체는 명암이 있다. 편평한 면이라도 빛의 반사 정도와 각도, 빛의 그림자, 면의 재질, 관찰자의 위치, 공기의 수분 함량, 먼지 등의 요인에 따라 명암이 다르게 나타난다.

명암과 사물의 색

광원의 강도, 방향, 거리가 같은 경우, 같은 형태의 사물이라고 할지라도 사물의 색이 다르다면 같은 물체 내 명암의 단계 변화는 같지만 각각의 사물에 대해 명암의 밝고 어두운 정도를 다르게 표현한다. 즉 흑백 드로잉 내에서도 진한 색의 사물은 진하게 밝은 색의 사물은 밝게 표현한다.

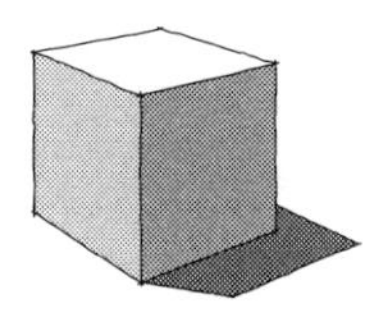
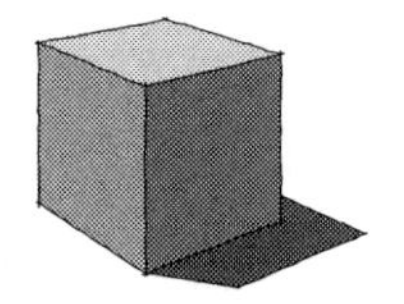

이 책에서는 흑백 혹은 모노 톤으로 손쉽게 그릴 수 있는 드로잉에 대해 다루기 때문에 색채에 관해서는 다루지 않는다. 또한 책 자체가 흑백으로 인쇄되었기 때문에 색채에 대한 언급은 사실상 불가능하다. 그러나 우리가 이 책에서 초점을 두고 있는 제품이나 건축 드로잉에서 색을 사용할 때에는 화려한 색의 활용보다는 적절하게 절제된 색을 사용하는 것이 좋다. 색은 드로잉의 전체적인 느낌을 표현하거나 어떤 특정 부분을 강조하고 싶을 때 적절하게 활용하도록 한다.

명암과 질감 표현의 예

Jubilee Church
Richard Meier, 2000
Rome, Italy

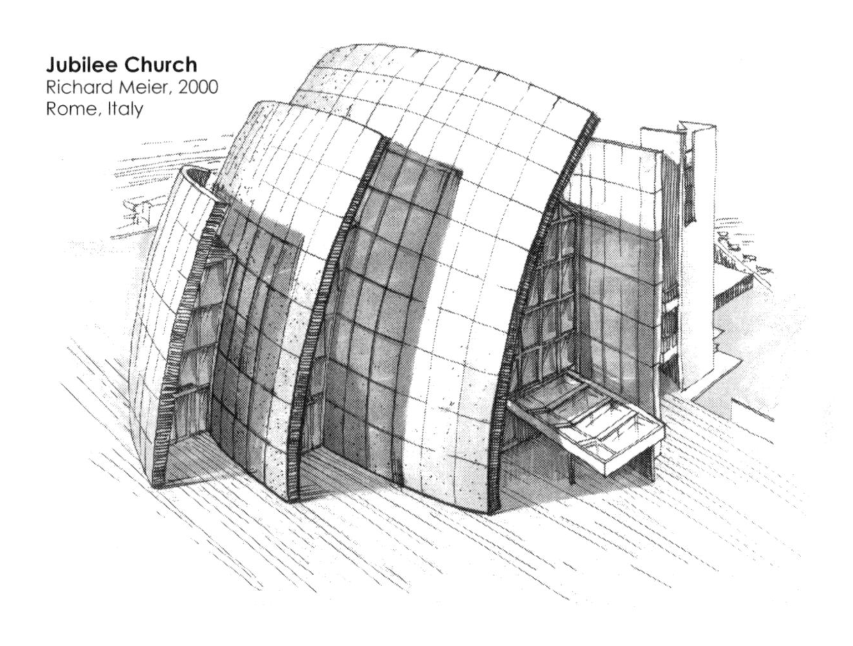

반영Reflection

거울이나 유리, 수면 등에 사물이 비춰진 상을 반영이라고 한다. 앞에서 말한 바와 같이 우리는 주변에서 이렇게 다른 물체의 모습을 반사하는 표면을 흔하게 볼 수 있다. 따라서 반영의 원리를 익힘으로 보다 정확하고 사실적으로 드로잉할 수 있다.

반영을 표현하는 방법은 전혀 어렵지 않다. 반영은 거울에 비친 영상과 같기 때문에 데칼코마니Decalcomanie처럼 반사면을 기준으로 그림의 사물을 정확하게 정반대로 표현하면 된다. 즉, 반사된 영상은 실제 물체와 방향은 반대이며 크기는 같다.

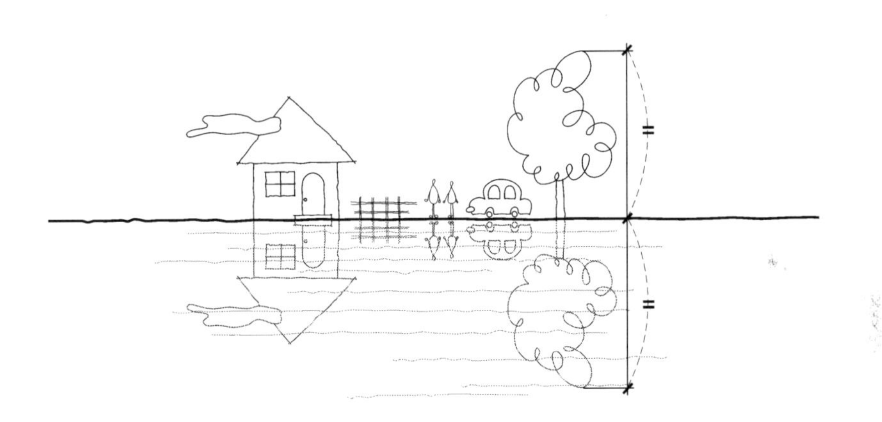

상자의 반영 그리기

상자가 반사면 위에 올려져 있을 때 반사면에 나타나는 영상은 반사면을 기준으로 실물과 같은 크기로 반대방향에 나타난다. 이 때 반사된 영상은 실제 상자를 그릴 때와 마찬가지로 투시도법으로 그린다.

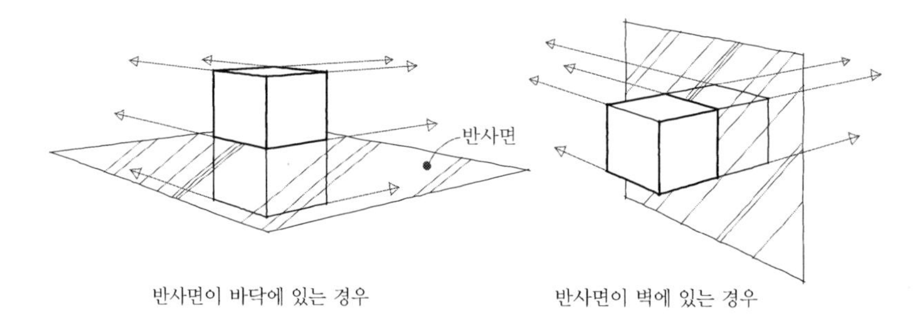

반사면이 바닥에 있는 경우   반사면이 벽에 있는 경우

물체의 일부분이 고인 물위에 놓여 있을 때처럼 물체의 상이 반사되는 표면과 반사되지 않는 표면이 동시에 나타나는 경우도 있다. 이러한 경우에는 앞에서 연습한 것과 같이 1.물체의 전체가 반사되는 것처럼 그린 후 2.반사되지 않는 부분을 지우면 된다.

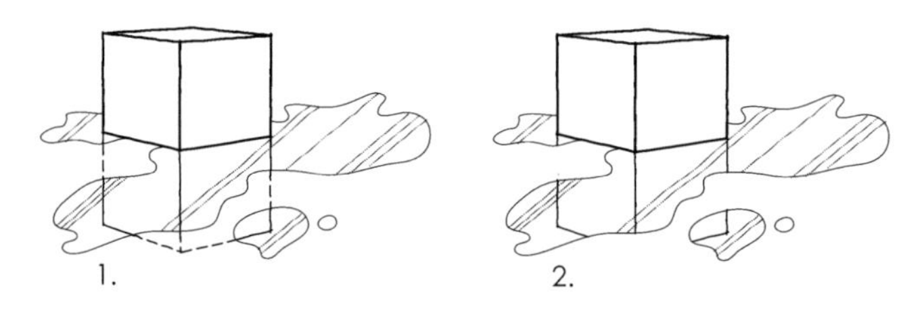

물체가 반사면과 떨어져 있을 경우

물체가 반사면과 접해 있지 않고 떨어져 있을 경우에는 반사면과 물체 사이의 거리를 고려하여 반영을 그려야 한다. 물체와 반사면의 거리와 반사면과 반사된 영상사이의 거리를 같게 하여 그리는 것이 중요하다.

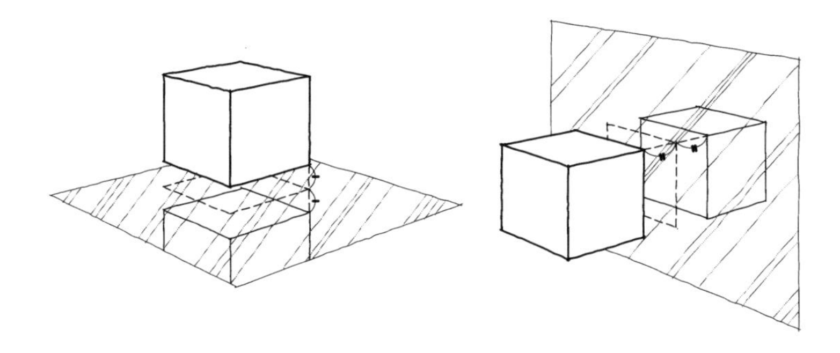

그림에서와 같이 반사된 면을 이용하면 물체의 보이지 않는 면에 있는 부분을 표현할 수 있다. 이러한 방법을 활용하면 보다 정확하고 사실적인 드로잉이 가능하다.

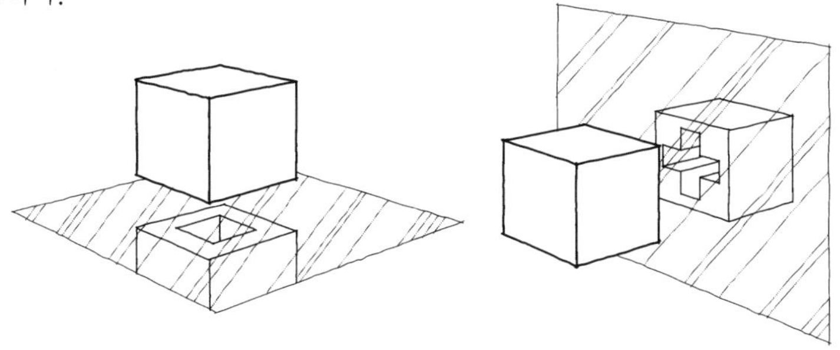

반영 그리기 연습

앞에서 익힌 방법을 기초로 다양한 형태의 반사된 영상을 그려본다. 투시도법으로 반사면의 위치와 거리를 변형하여 연습해 본다. 반사면에 비치는 영상은 실제 사물처럼 명확하게 보이지는 않는다.

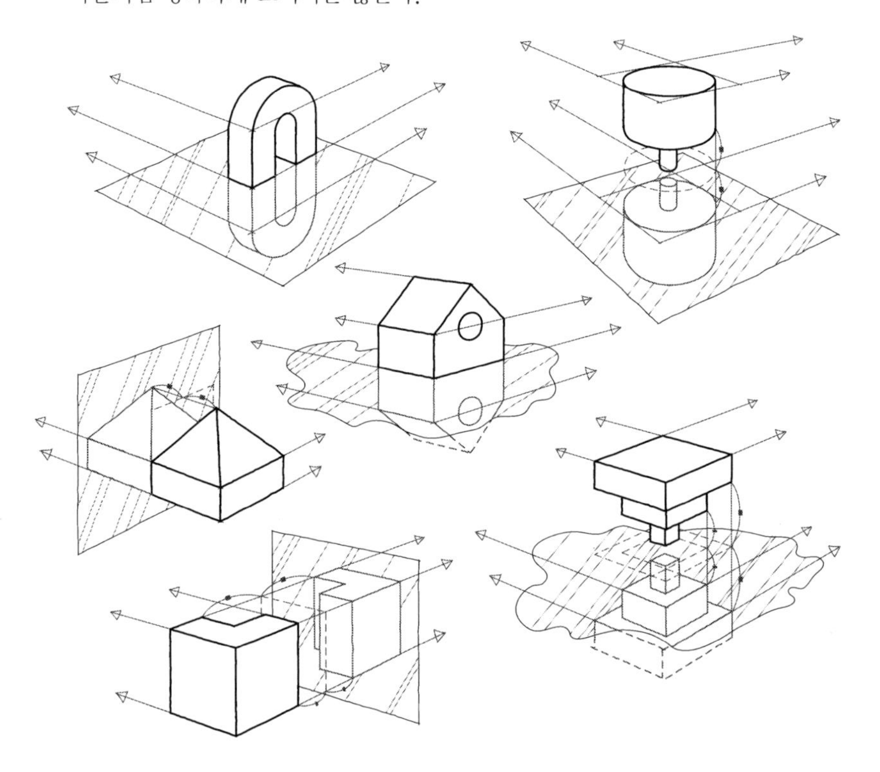

반영 드로잉의 예

Modern Art Museum of Fort Worth
Tadao Ando, 2002
Fort Worth, Texas USA

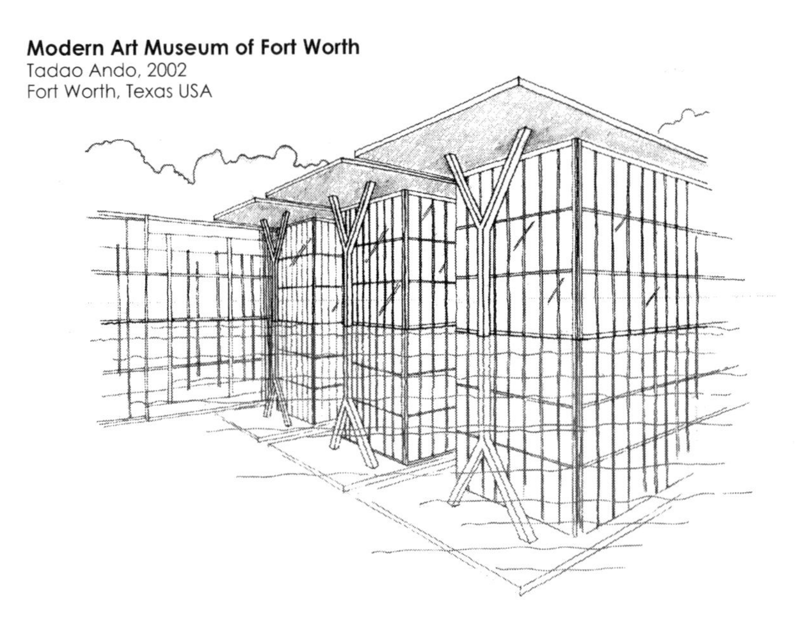

6.부수적 표현

지금까지는 직선투시도법을 활용하여 사물의 형태, 그림자, 질감 등을 표현하는 방법을 익혔다. 하지만 드로잉을 보다 효과적으로 전달하기 위해서는 부수적 표현이 중요하다. 부수적 표현이란 주인공을 더욱 돋보이게 해주는 보조적 역할을 하는 드로잉 요소들의 표현을 말한다.

드로잉에서 나무, 사람, 가구, 등을 표현함으로 주제 혹은 핵심이 되는 사물의 쓰임이나 역할, 스케일 등을 더욱 정확하게 전달할 수 있다. 여기에서 잊지 말아야 할 것은 부수적인 사물은 어디까지나 가장 중요한 부분을 돋보이게 하는 보조적인 역할이라는 것이다. 따라서 지나치게 정확하거나 자세하게 그릴 필요가 없다. 부수적인 사물의 표현에 너무 집중하다가는 주객이 전도되어 오히려 그림의 목적성을 잃게 되는 경우가 생기기 때문이다. 드로잉의 스케일과 활용에 따라 적절하게 단순화하여 빠르게 느낌을 살려 표현하는 것이 중요하다.

사람

대부분의 사물이나 공간은 사람이 사용하는 것이다. 따라서 어떤 사물이나 공간 드로잉을 할 때에 사람을 그려넣는 것이 중요하다. 드로잉에 사람을 더해 그려 넣음으로 드로잉의 스케일, 사물의 용도나 공간의 이용상태 등을 표현할 수 있기 때문이다. 드로잉의 상황과 목적에 맞는 다양한 상황을 표현해낼 수 있도록 평소에 신문이나 잡지 등에서 여러 사람들의 모습과 동작에 관한 사진을 모아 정리해 두거나 직접 사람들의 움직임을 포착하여 드로잉해 두거나 사진을 찍는 습관을 기르는 것이 좋다.

드로잉이나 도면을 보는 사람은 그 안에 그려진 사람과 자신을 연관시켜 드로잉을 이해하기도 하며, 드로잉에 표현된 사람이 얼마나 매력적이냐에 따라 같은 드로잉이라도 다르게 평가하기도 한다. 보다 효과적인 커뮤니케이션을 위해 드로잉에 적절하게 사람을 활용하는 것이 중요하다.

다양한 사람의 표현

아래에 제시된 예시들은 디자이너나 건축가들이 흔히 사용하는 사람들의 표현이다. 드로잉에 사람을 그려넣을 때에는 적절한 동작과 스케일을 표현하는 것을 목적으로 하므로 지나치게 자세히 그릴 필요는 없다.

용도의 표현

드로잉에 사람을 추가하면 사물이나 공간이 어떻게 사용되어지는가를 보여주는 중요한 단서가되기 때문에 커뮤니케이션에 효과적이다. 이 때 사람의 동작이나 움직임을 명확하고 간결하게 표현하는 것이 중요하다.

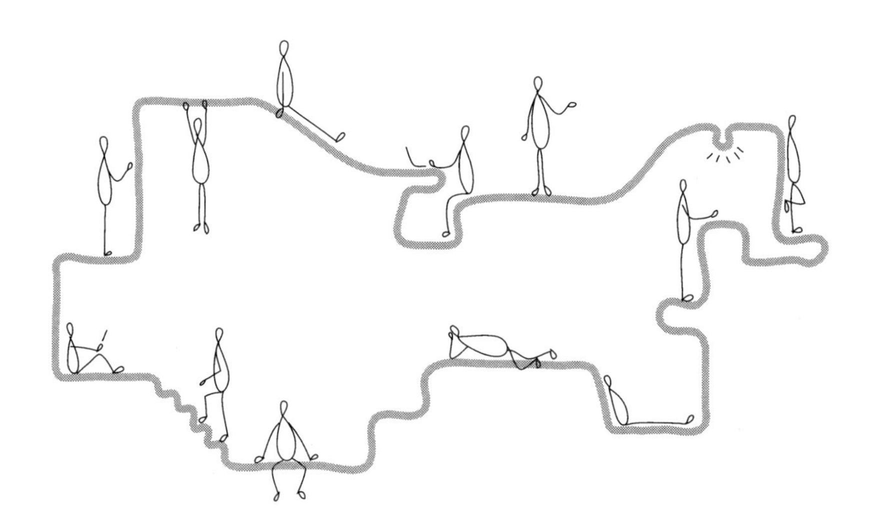

스케일의 표현

큰 상자인데 멀리 있어서 작게 보이는 것인지 작은 상자인데 가까이 확대해서 그린것인지 명확하지 않을 때가 있다. 이럴 경우 사람은 사물과 공간의 크기를 결정짓는 중요한 단서가 된다. 보통 성인의 키를 150–180cm로 보고 드로잉에 포함되어 있는 사람의 크기에 따라 사물과 공간의 크기를 판단할 수 있다.

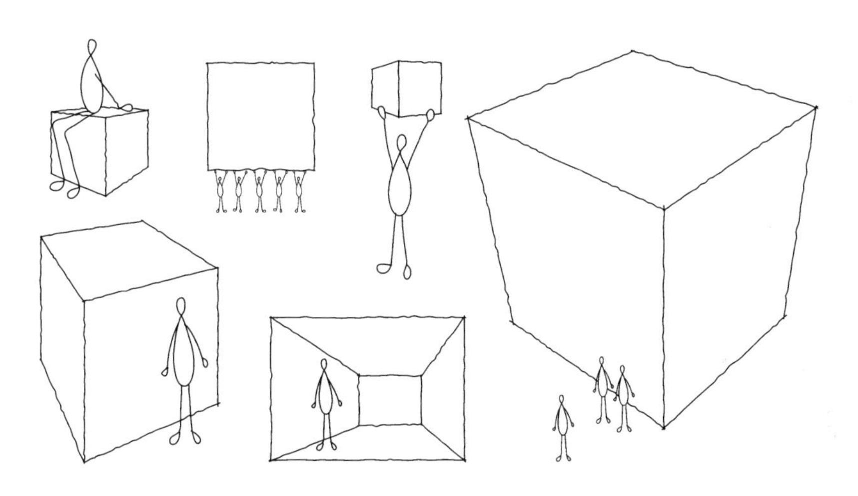

공간의 표현

사람은 드로잉의 보조요소이므로 강조되지 않아야 한다. 공간을 표현하는데 있어서 한 사람만 있으면 그 사람에게 시선이 집중되므로 적절한 수의 사람을 신중하게 배치해야 하며 드로잉의 스타일, 구성, 스케일 등에 맞추어 디테일의 정도를 결정한다. 사람의 수, 동작, 위치 등은 공간의 깊이와 이용상태를 나타낸다.

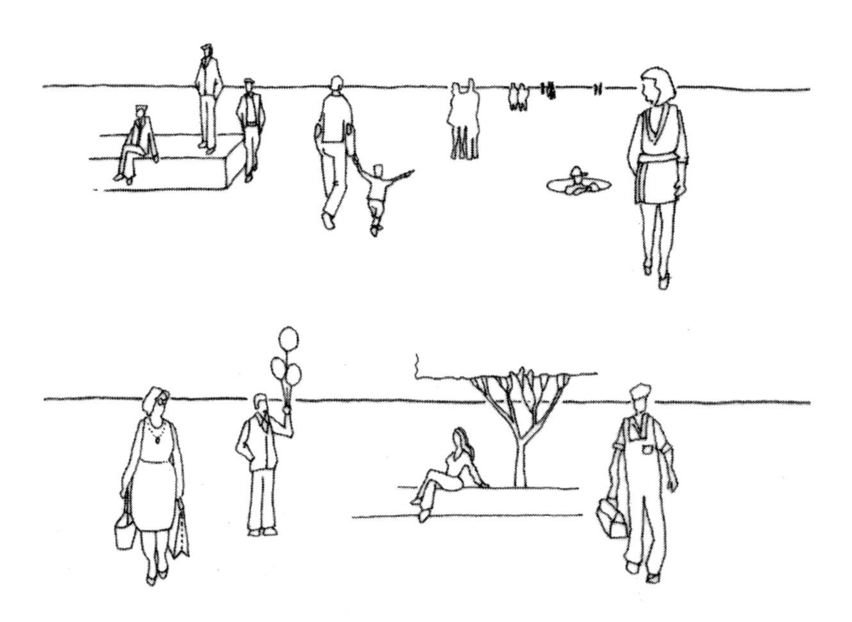

손

손은 사물의 용도와 사용방법을 표현할 수 있는 중요한 요소일 뿐만 아니라 스케일을 예측할 수 있게 해준다. 손을 그리는 것이 쉬운 일은 아니지만 정확하고 자세하게 그리는 것이 목적이 아니므로 드로잉의 상황과 목적에 맞게 특징을 살려 개략적으로 그리는 연습을 하는 것이 중요하다.

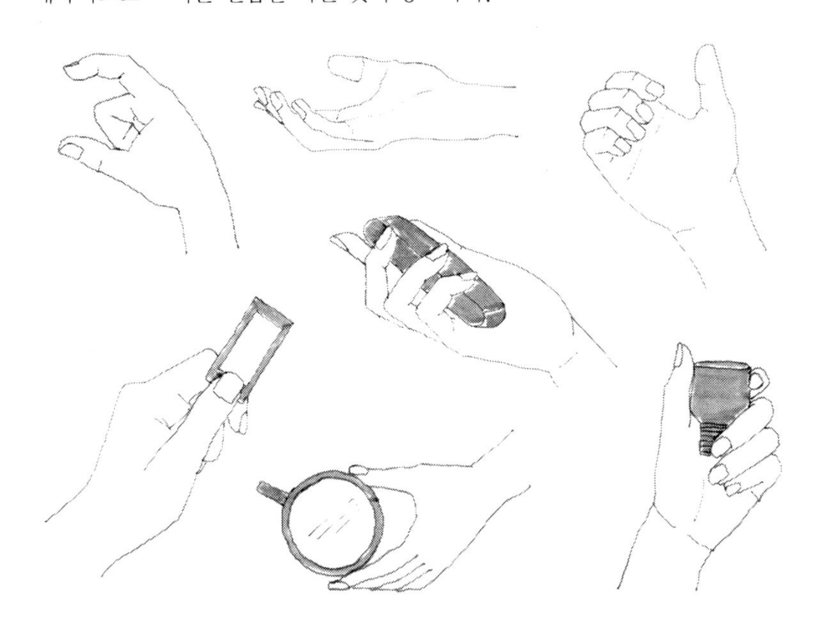

나무

나무와 같은 식물 즉 조경의 표현은 드로잉을 보다 풍부하게 하고 특히 건축적인 표현에서는 대지의 성격을 보여주기도 한다. 나무의 표현은 드로잉의 보조적인 요소이므로 기본적인 구조와 형태를 파악하여 쉽고 빠르게 그리는 것이 중요하다.

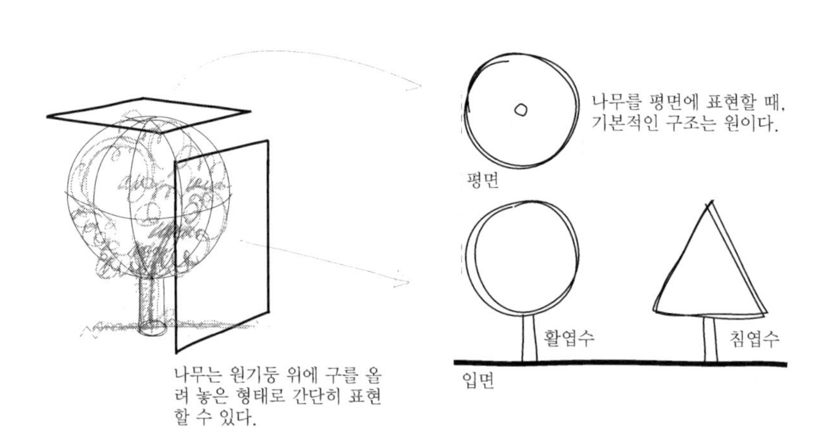

나무는 원기둥 위에 구를 올려 놓은 형태로 간단히 표현할 수 있다.

왼쪽에 주어진 나무가지 위에, 예시된 선들을 활용하여 나뭇잎을 그려 넣는다. 아래의 예시를 참고하여 다양한 나무를 표현해 보는 연습을 해 본다.

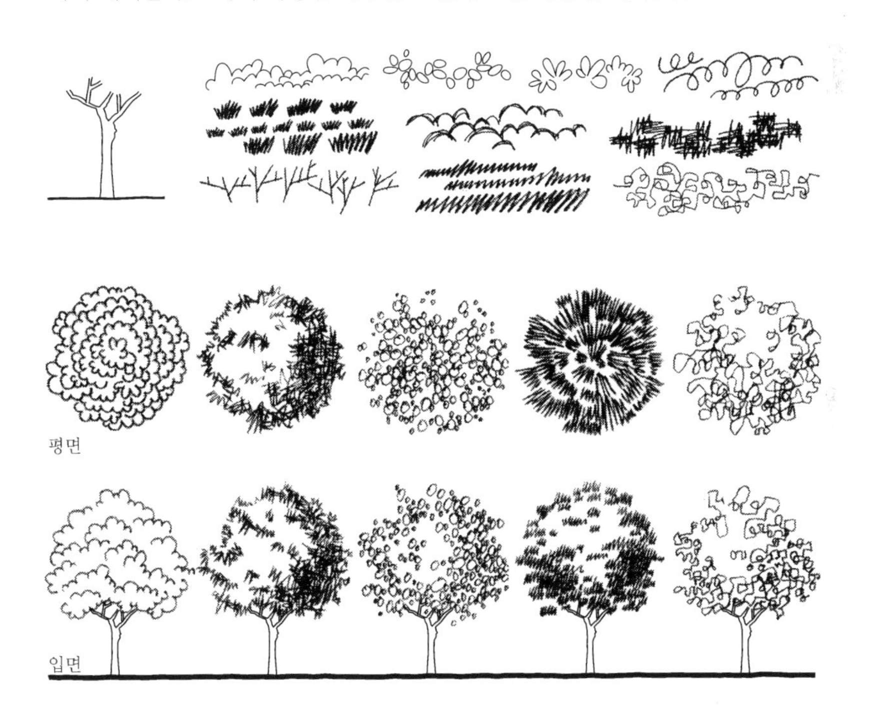

다양한 나무들의 표현

나무는 물론 화분 속의 식물이나 지면도 같은 선묘기법으로 그릴 수 있다. 또한 각각의 드로잉에 알맞게 상황에 따라 추상적이거나 구체적인 나무의 표현으로 드로잉을 더욱 풍부하게 할 수 있다. 하지만 드로잉을 하는데 있어서 나무의 사실적이고 정확한 묘사보다는 나무나 숲의 전체적인 느낌을 표현하는 것이 중요하다. 주어진 예시는 나무 등 조경의 일반적인 형태를 선묘법으로 그린 것이다. 예시를 참고하여 각자의 개성이 담긴 표현으로 재빨리 그리는 연습을 해보도록 한다.

활엽수

침엽수

가구 Furniture

드로잉을 할 때 가구의 배치는 공간의 용도와 스케일을 파악하는데 중요한 요소가 된다. 평면도에서의 가구는 간단하게 그리는 것이 좋지만, 드로잉의 디테일 정도에 맞추어 가구를 얼마나 구체적으로 그릴 것인지 정하도록 한다.

차량Vehicle

드로잉을 할때 차량의 배치는 도로인지 주차장인지를 나타내는 중요한 단서가 되므로 배치에 주의하여 그리도록 한다. 또한 사람과 마찬가지로 차량도 드로잉의 스케일을 알게 해 주는데 도움이 되는 요소이다.

기호

문자나 화살표 등과 같은 기호를 사용하는 것은 드로잉이 커뮤니케이션 도구로 활용하는 데 더욱 도움을 준다. 자신이 전달하고자 하는 아이디어를 표현하는데 적절한 기호를 활용하는 것은 중요하다.

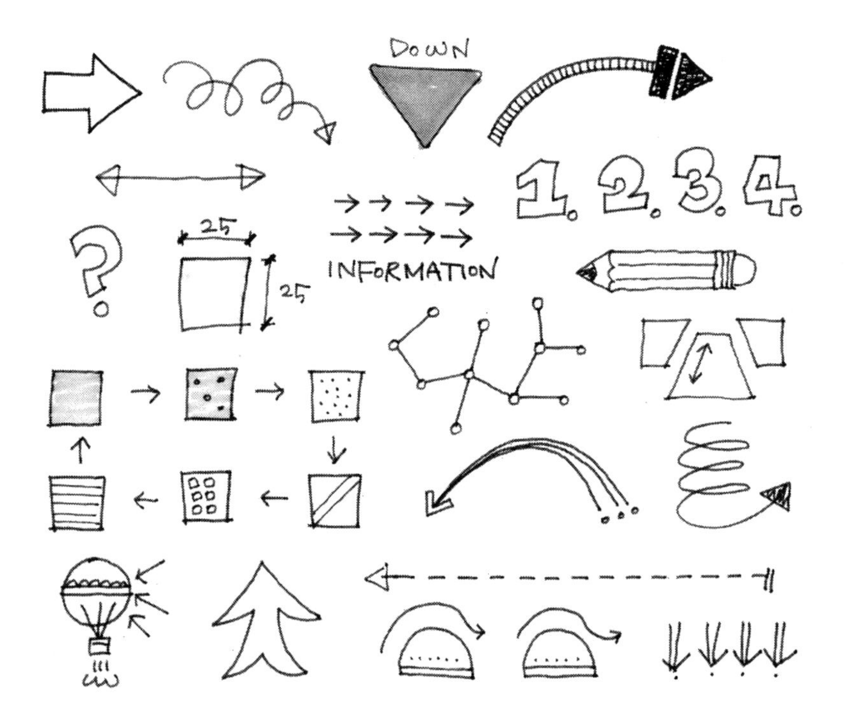

드로잉의 예

Alice Tully Hall
Diller Scofidio + Renfro, 2009
New York, USA

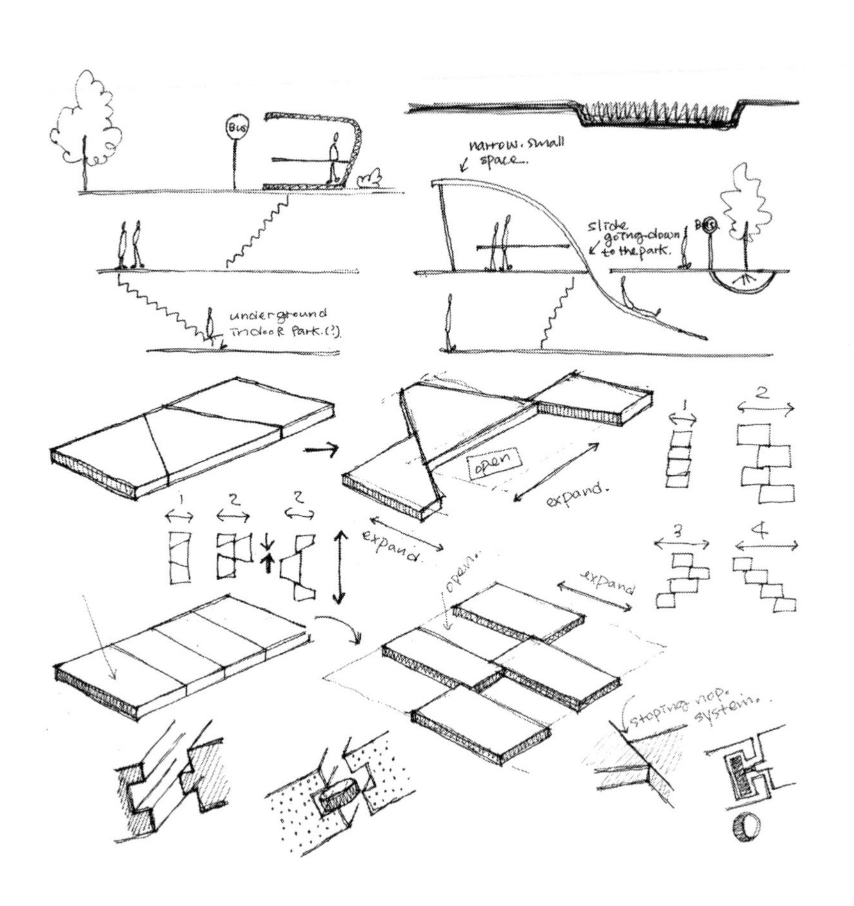
BUS
underground
indoor park.(?)
narrow. small
space.
slide
going-down
to the park.
BUS
open
expand.
expand.
open
expand
1
2
2
1
2
3
4
stoping rope.
system.

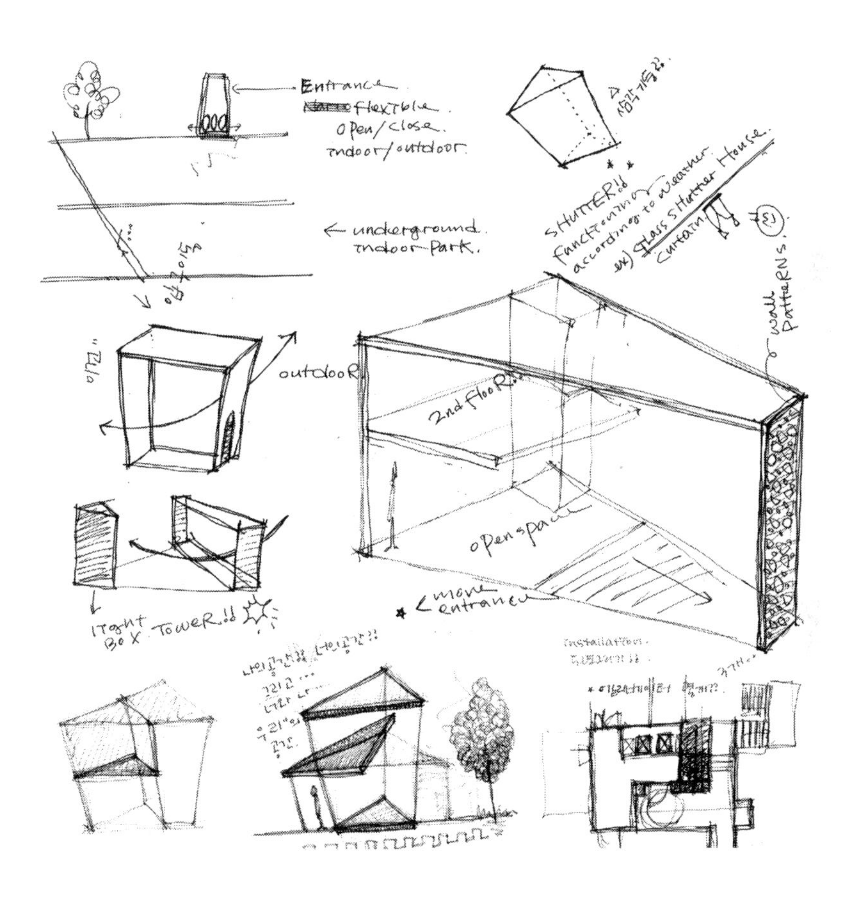
Entrance
flexible
open/close
indoor/outdoor
underground
indoor park
outdoor
2nd floor
open space
move entrance
light
BOX TOWER!!
SHUTTER!!
functioning
according to weather
ex) Glass shutter House
curtain
wall
patterns
installation

7.모형

3차원의 복잡한 형태나 공간을 2차원의 드로잉으로 정확하게 표현하는 것이 쉬운일은 아니다. 이런 경우에는 실제 모형으로 만들어 보는 것이 더욱 쉽고 효과적이다. 모형은 스스로의 아이디어를 발전시키고 스터디하기 위한 방법으로서 효과적일 뿐 아니라, 커뮤니케이션을 위한 도구로 활용하기에도 유용하다. 다루기 쉽고 저렴한 재료를 활용하여 모형을 만들어 보도록 한다.

스터디Study 도구

머리속에 있는 아이디어를 실제로 만들어 보면 어렵게 생각했던 것이 의외로 쉽게 풀리는 경우도 있고, 예상 외로 어려움에 부딪하는 경우도 있다. 처음부터 멋지고 완성된 최종 모형을 만들려고 하지말고, 아이디어의 발전을 위한 스터디 도구로서 접근하도록 한다. 드로잉과 마찬가지로, 계속적으로 반복하여 아이디어의 진화와 함께 여러번 만들어 보는 것이 중요하다.

1. 2.

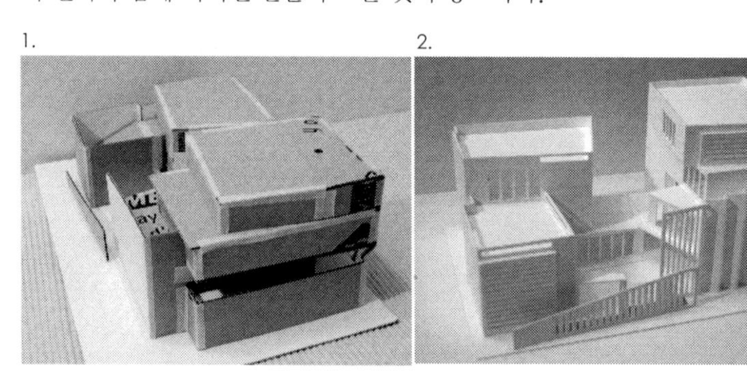

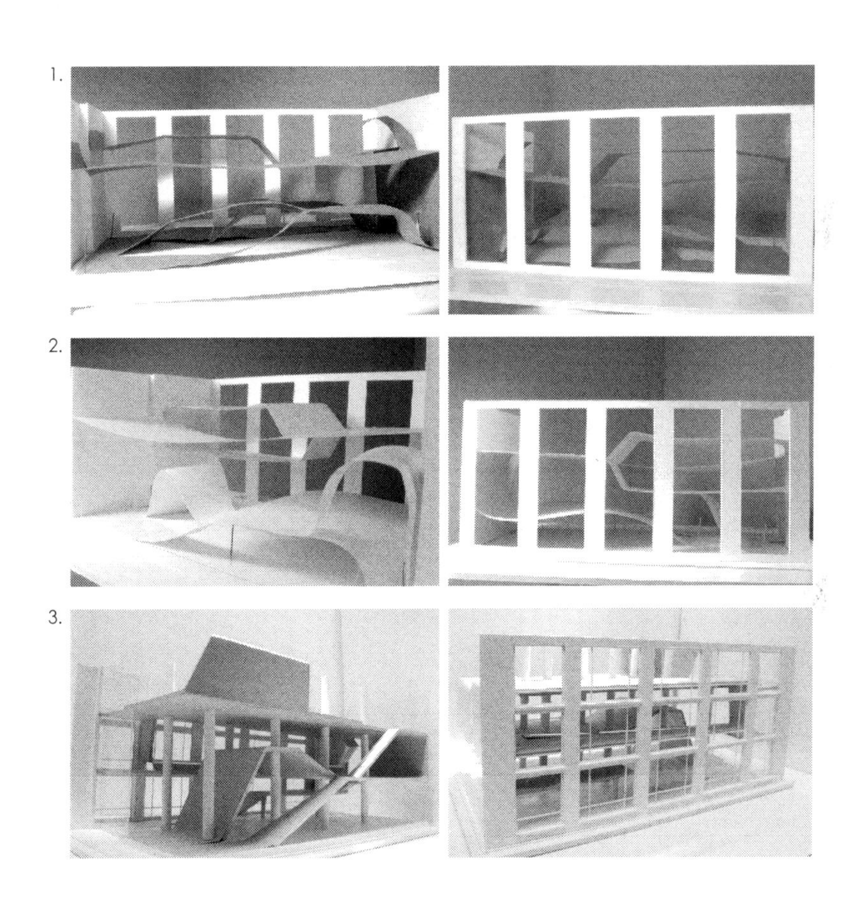
1.
2.
3.

그림자 스터디

모형을 활용하면 복잡한 형태의 그림자 스터디에도 효과적이다. 모형을 만들고 광원을 이용하여 나타나는 그림자를 직접 관찰할 수 있기 때문이다. 이때 광원은 모형과 적절한 거리를 유지해야 한다. 광원이 모형과 너무 멀리 떨어져 있으면 그림자의 윤곽선이 명확이 나타나지 않고, 광원이 모형과 너무 가까이 있으면 확산되는 광선이 그림자를 너무 크게 만들기 때문이다.

다양한 재료와 방법

모형을 만드는데에도 역시 정답은 없다. 스터디하려는 목적에 따라 다양한 재료와 방법을 활용하여 아이디어를 전개시키고 커뮤니케이션의 도구로 활용하는 것에 초점을 두도록 한다.

커뮤니케이션 도구

모형은 3차원의 복잡한 형태나 공간을 실제와 흡사하게 실제크기, 혹은 스케일에 맞추어 만드는 것이기 때문에 커뮤니케이션에 매우 효과적인 도구이다. 여러 마디의 말이나 드로잉보다 때로 잘 만든 모형은 프리젠테이션에서도 중요한 요소이기 때문에 많이 활용한다.

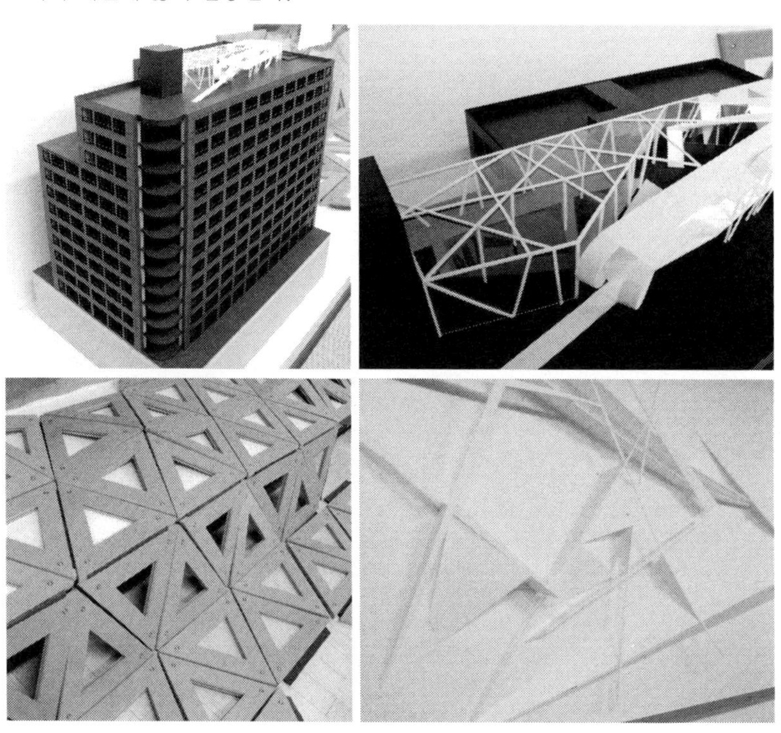

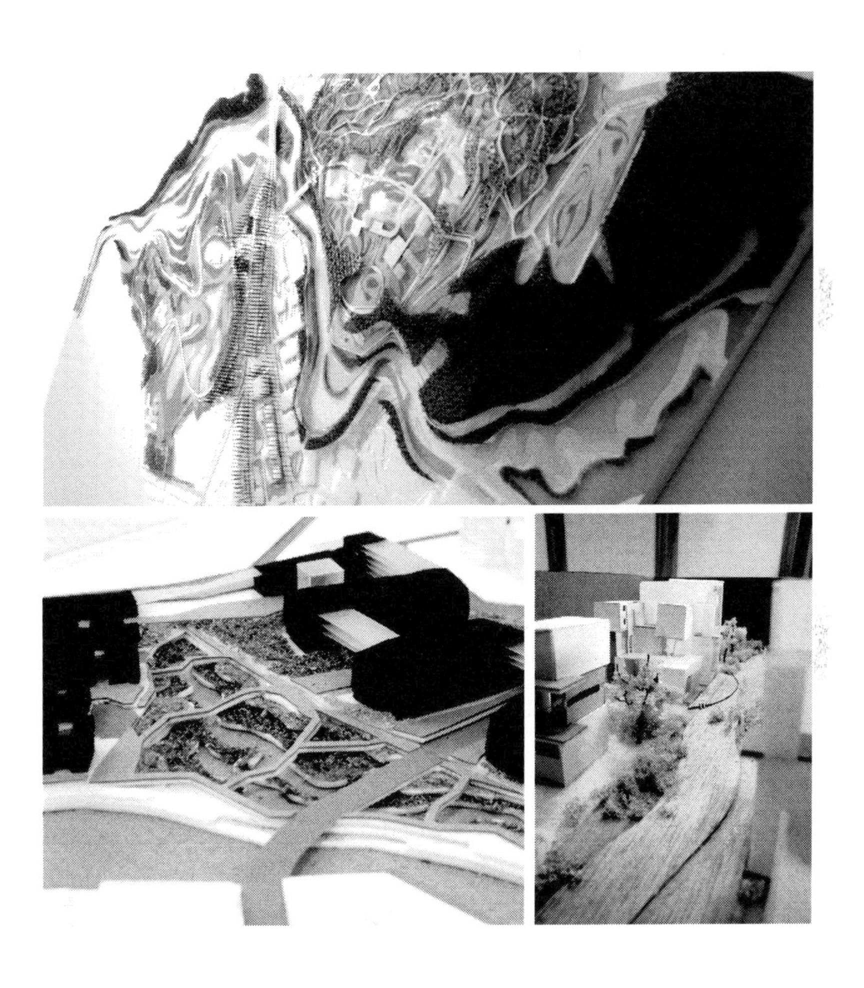

8. 복합적 표현

상황과 목적에 따라 드로잉이나 모형을 활용할 수 있겠지만 아이디어를 기록하고 표현하는데에 꼭 한가지 방법을 고집해야 하는 것은 아니다. 반짝이는 아이디어를 놓치지 않도록 간략하게 기록해 두었다면 그것을 다시 꺼내어 발전시킬 수 있는 방법은 다양하다.

백지에 막연하게 아이디어를 전개시키는 것이 쉽지 않다면 다양한 방법을 활용하는 것이 좋다. 기존의 사물이나 공간을 새롭게 디자인 하는 것이라면 먼저 사진을 촬영하고 출력하여 그 위에 트레이싱지를 놓고 생각을 전개하는 방법이 효과적이다. 새로운 공간에 대한 아이디어라면 전체적으로 투시법을 활용해서 공간의 구도를 잡는 방법도 있지만, 큰 매스를 컴퓨터로 먼저 작업한 후 출력하여 그 위에 트레이싱지를 활용하여 드로잉하는 방법도 있다. 또한, 전체적인 매스를 모형으로 만들고 스터디한 후 사진을 찍고 출력하여 그 위에 드로잉을 해도 좋다.

드로잉과 모형뿐 아니라 사진이나, 일러스트 등 다양한 도구와 테크놀러지를 복합적으로 활용할 수 있다. 이때, 표현하고자 하는 상황과 목적에 맞는 빠르고 경제적인 방법을 활용하는 것이 바람직하다. 생각의 기록과 아이디어의 표현은 효과적인 커뮤니케이션에 초점을 두고, 자신만의 가장 적절한 방법을 찾아 아이디어를 전개하고 표현하는 것이 중요하다. 기발한 아이디어를 효과적으로 표현하고 전달하기 위한 아이디어가 또 필요하다.

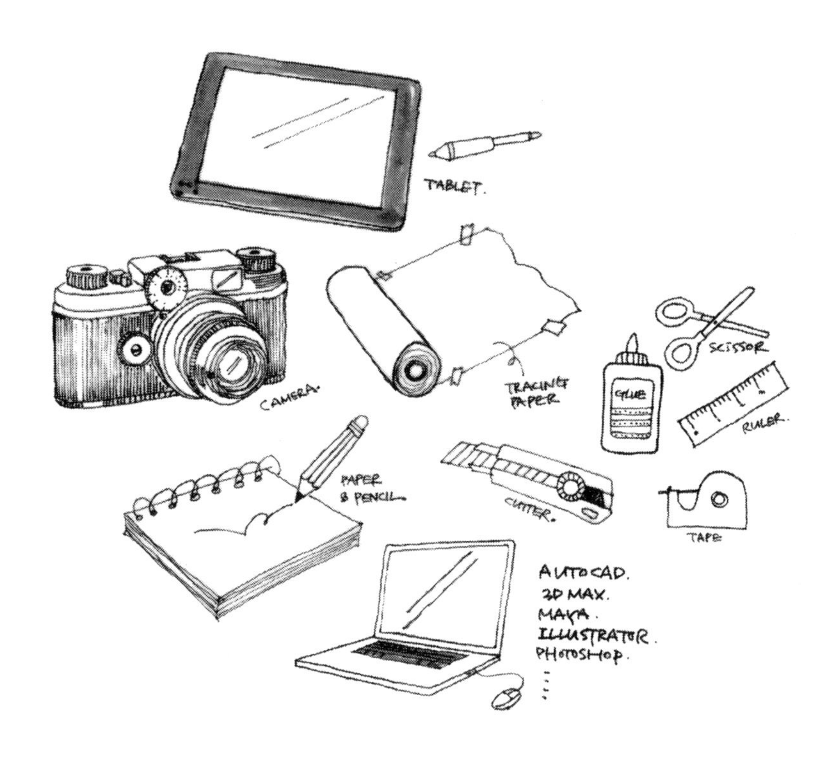
TABLET.
CAMERA.
TRACING PAPER
SCISSOR
GLUE
RULER.
PAPER & PENCIL.
CUTTER.
TAPE
AUTOCAD.
3D MAX.
MAYA.
ILLUSTRATOR.
PHOTOSHOP.

복합적 표현의 예

사진, 일러스트, 3D모델링, 드로잉 등을 활용한 표현

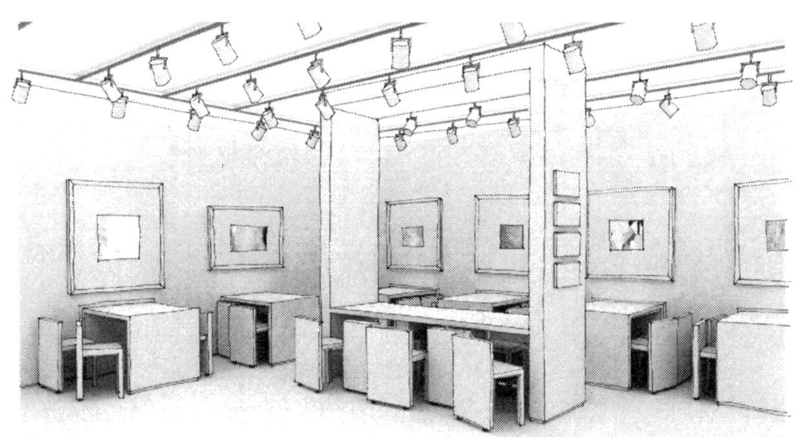

3D모델링 위에 드로잉, 사진을 활용한 표현

사진촬영 후 일러스트, 드로잉을 활용한 표현

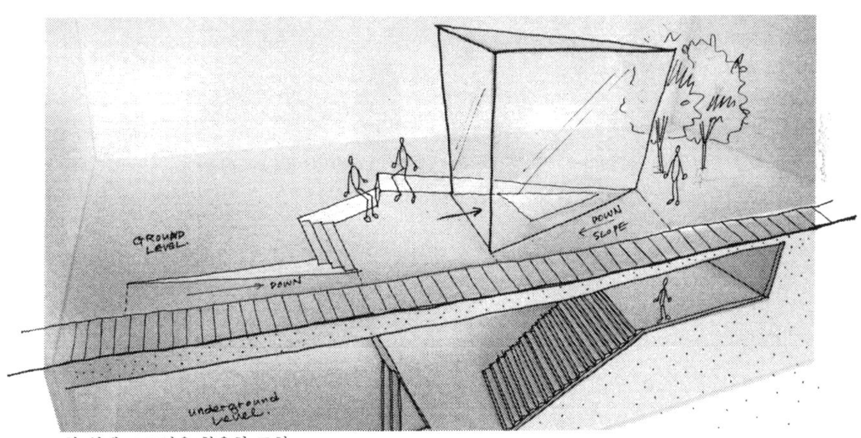

모형 위에 드로잉을 활용한 표현

참고 문헌

Rapid Viz: A New Method for Rapid Visualization of Ideas,
Kurt Hanks/ Larry Belliston
Perspective Made Easy, Ernest R. Norling
Drawing: A Creative Process, Francis D. K. Ching
Keys to Drawing, Bert Dodson
Design Drawing, D. K. Ching/ Steven P. Juroszek
Sketching: Drawing Techniques for Product Designers,
Koos Eissen/ Reoselien Steur
Freehand Drawing for Architects and Interior Designers, Magali Delgado
Drawing for Designers, Alan Pipes
Architectural Drawing: A Visual Compendium of Types and Methods.
Rendow Yee
Architectural Graphics, Frank Ching
Architectural Drawing, David Dernie

저자약력

정광호

현재 삼육대학교 건축학과 교수로 재직중이며 서울시립대학에서 건축학 박사 학위를 받았다. 도시환경 법제 연구소 소장, 미국 앤드류스 대학교 건축학부 교환교수, 노원구 · 강북구 · 남양주시 · 구리시 건축위원회 건축위원, 국방부 · SH공사 · 한국전력공사 · 환경관리공단 건축설계 자문위원, 서울시 한옥위원회 건축위원 및 고양시 디자인 자문위원으로 활용 중이다.

김소연

현재 (주)쏘유 대표로 활동하고 있으며, 연세대학교 박사 과정에 재학중이다. 동대학에서 학사 학위를, The Art Institute of Chicago에서 석사 학위를 받았다. Gonzalez Partners(시카고), Studio A(뉴욕) 등에서 실무 경험을 쌓았으며 삼육대학교와 우송대학교에 출강 중이다.

건축 · 디자인 표현기법

발행일 2012년 2월 15일
저 자 정광호 · 김소연

발행인 모흥숙
발행처 내하출판사
등 록 제6-330호

주소. 서울 용산구 후암동 123-1
전화. 02.775.3241-5/ 팩스. 02.775.3246
naeha@unitel.co.kr/ www.naeha.co.kr

ISBN 978-89-5717-344-2
정 가 15,000원